普通高等院校“十四五”计算机类专业系列教材

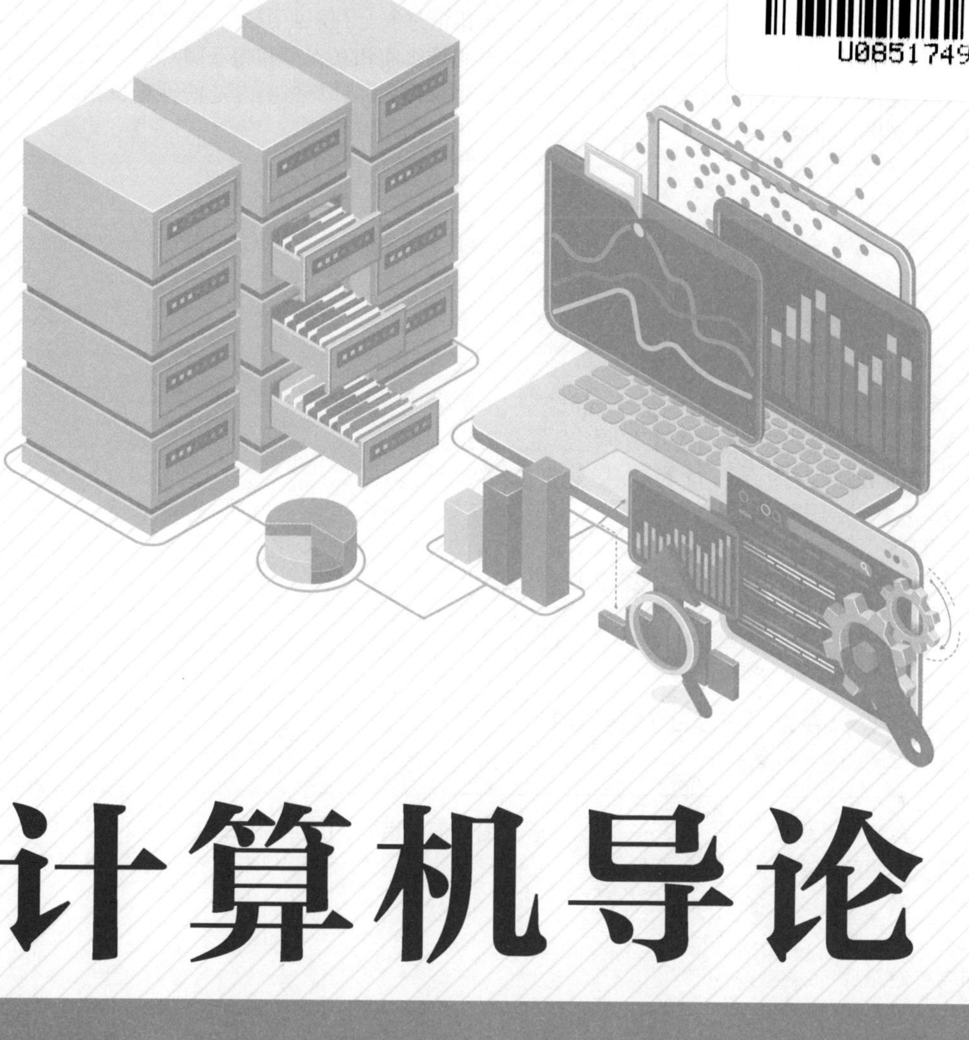

计算机导论

——基于计算思维 第二版

郜晓晶 罗小玲◎主编
王艳芬 李建荣◎参编

中国铁道出版社有限公司
CHINA RAILWAY PUBLISHING HOUSE CO., LTD.

内 容 简 介

本书是普通高等院校“十四五”计算机类专业系列教材之一，是一本学习计算机科学与技术的入门教材，基于工程认证理念，以培养学生的工程应用能力为出发点，注重提高学生的创新思维能力、终身学习意识和团队协作能力。全书共分七章，包括计算机概论、数据表示、计算思维与常用算法、计算机系统、数据结构、计算机网络、计算机信息安全和职业道德。本书融入计算机科学与技术发展的最新技术和成果，阐明了计算机和计算思维之间相互支撑和相互制约的关系。

本书适合作为高等院校计算机类专业的教材，也可作为非计算机类专业的计算机基础教材，以及计算机爱好者的参考书。

图书在版编目（CIP）数据

计算机导论：基于计算思维 / 郜晓晶，罗小玲主编.
2版. -- 北京：中国铁道出版社有限公司，2025. 4.
（普通高等院校“十四五”计算机类专业系列教材）.
ISBN 978-7-113-31981-6

Ⅰ. TP3

中国国家版本馆 CIP 数据核字第 2025P9E240 号

书　　名： **计算机导论——基于计算思维**
作　　者： 郜晓晶　罗小玲

策　　划： 曹莉群　　　　**编辑部电话：**（010）51873090
责任编辑： 刘丽丽　彭立辉
封面设计： 刘　颖
责任校对： 刘　畅
责任印制： 赵星辰

出版发行： 中国铁道出版社有限公司（100054，北京市西城区右安门西街8号）
网　　址： https://www.tdpress.com/51eds
印　　刷： 河北燕山印务有限公司
版　　次： 2021年7月第1版　2025年4月第2版　2025年4月第1次印刷
开　　本： 787 mm×1 092 mm　1/16　**印张：** 11　**字数：** 281千
书　　号： ISBN 978-7-113-31981-6
定　　价： 45.00元

前　言

随着信息技术的快速发展，特别是伴随着《教育强国建设规划纲要（2024—2035年）》的发布，教育界面临深刻的数字化、智能化转型。党的二十大报告指出：“教育是国之大计、党之大计。培养什么人、怎样培养人、为谁培养人是教育的根本问题。育人的根本在于立德。”此外，教育部《高等学校课程思政建设指导纲要》提出，要根据不同学科专业的特色和优势，深入研究不同专业的育人目标，深度挖掘提炼专业知识体系中所蕴含的思想价值和精神内涵，科学合理地拓展专业课程的广度、深度和温度，从课程所涉专业、行业、国家、国际、文化、历史等角度，增加课程的知识性、人文性，提升引领性、时代性和开放性。工程教育专业认证是国际通行的工程教育质量保障制度，也是实现工程教育国际互认和工程师资格国际互认的重要基础。其核心理念是：以学生为中心，以成果为导向，持续改进。这些阐述，为高校教材建设指明了方向，提出更高的标准和要求。

基于以上考虑，我们在2021年版的基础上修订了《计算机导论——基于计算思维》教材。本书在保留第一版教材原有特色的基础上，进行了如下修订：

（1）基于工程认证理念，按照教学目标分类，重写了每章的学习目标，使得目标可落实、可衡量。

（2）每章附配教学资源，读者可以通过扫描书中二维码获取。

（3）随着教学内容的展开融入思政元素，讲好中国文化与中国故事，增强育人效果。

计算思维是人类求解问题的一条有效途径，是一种分析求解问题的过程和思想。现在人类需要利用计算机的强大功能去解决各种问题，需要数学和工程思维的互补。这源于计算机诞生的本质，即数学和工程思维的融合。所以，计算思维是一种人、机、物三元思维的综合考量，互相促进，互相制约。

本书编写团队成员都是多年活跃在教学第一线的计算机科学与技术专业的教学工作者，多年专注于计算机专业教学改革和探索。编写大纲经过书稿讨论会和审定会等多次集体研讨，并广泛征求了不同层面学者、专家的建议和意见。希望本书能满足当下大学计算机专业教学的新模式和新方法。

本书是一本既通俗易懂又紧跟科技前沿的计算机科学入门教材，能够适应学生的需求，同时能够贴合院校的教学目标。在教材内容组织上强调工程应用能力的培养，将课程思政融入教学体系，实现教学改革，提高学生的创新思维能力、终身学习意识和团队协作能力。在教材编写过程中，巧妙地将党的二十大精神、中华优秀传统文化、工匠精神等相关内容融入其中，帮助学生在学习专业知识的同时，领悟时代精神、厚植爱国情怀。本书的主要特色如下：

(1) 全面展开对计算机基础理论知识的讲解和介绍。

(2) 通过深入浅出的语言，讲授计算机和计算思维之间相互支撑和相互制约的关系。

(3) 教学案例尽量选择与学生日常生活紧密相关的事件，以激发学生的学习兴趣。

(4) 将“工程认证”理念贯穿始终，引导学生适应社会发展，了解职业性质和责任，养成终身学习的习惯。

(5) 理论知识和实际应用相结合，让学生清楚地了解人工智能、大数据、云计算等新一代信息技术。

全书共分为七章，包括计算机概论、数据表示、计算思维与常用算法、计算机系统、数据结构、计算机网络、计算机信息安全和职业道德。

本书由郜晓晶和罗小玲任主编，王艳芬和李建荣参编。其中，第 1 章和第 2 章由李建荣编写，第 3 章由罗小玲编写，第 4 章由罗小玲和王艳芬共同编写，第 5 章和第 7 章由郜晓晶编写，第 6 章由王艳芬编写。全书由郜晓晶和罗小玲统稿。本书的编写得到了潘新、李慧旻、刘艳秋、阿斯雅等老师以及中国铁道出版社有限公司编辑的大力支持与帮助，在此表示衷心感谢。

由于时间仓促，信息技术的发展日新月异，本书涉及的新技术较多，加之编者水平有限，书中难免存在疏漏与不妥之处，恳请读者批评指正。

编　者
2025 年 3 月

目 录

第1章 计算机概论

引言

本章主要内容包括计算机的发展历史和发展趋势，人工智能的基本概念及其应用，云计算的基本概念、应用及体系结构，并结合大数据的不断崛起介绍了大数据产生的背景、应用场景及关键技术。

内容结构图

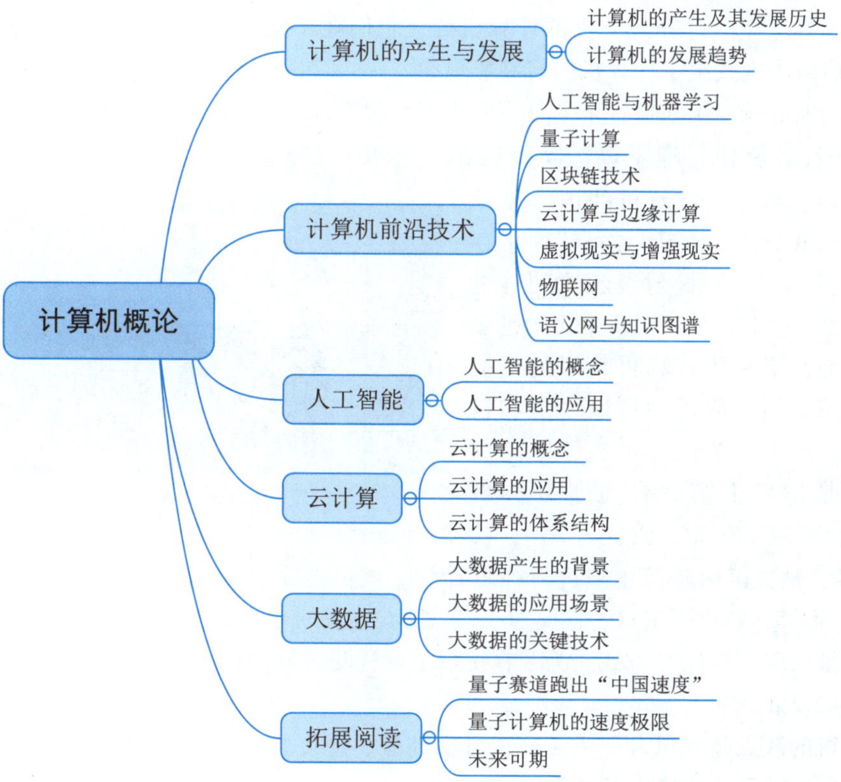

学习目标

① 了解计算机的基本概念，掌握计算机的发展历史、发展趋势。

② 了解计算机的前沿技术。

③ 理解人工智能的基本概念及应用。

④ 理解云计算的概念及应用。

⑤ 理解大数据产生的背景、应用场景和关键技术。

素养目标

结合中国在大数据、云计算、人工智能等方面取得的成就，激发爱国主义精神，培养创新意识。

1946 年，在美国的宾夕法尼亚大学莫尔学院的科研组诞生了世界上第一台计算机 ENIAC（electronic numerical integrator and computer，电子数字积分计算机），标志着全世界正式进入了计算机时代。

1.1 计算机的产生与发展

1.1.1 计算机的产生及其发展历史

计算工具的演化经历了由简单到复杂、从低级到高级的不同阶段，例如，从“结绳记事”中的绳结到算筹、算盘计算尺、机械计算机等。它们在不同的历史时期发挥了各自的历史作用，同时也启发了现代电子计算机的研制思想。

计算机的发展按电子元器件来划分可分为五个阶段，对应着五代计算机。

1. 第一代计算机：电子管数字计算机（1946—1958 年）

硬件方面，第一代计算机的逻辑元件采用的是真空电子管，如图 1-1 所示。主存储器采用汞延迟线、阴极射线示波管静电存储器、磁鼓、磁芯；外存储器采用的是磁带。软件方面，第一代计算机采用的是机器语言、汇编语言。应用领域以军事和科学计算为主。

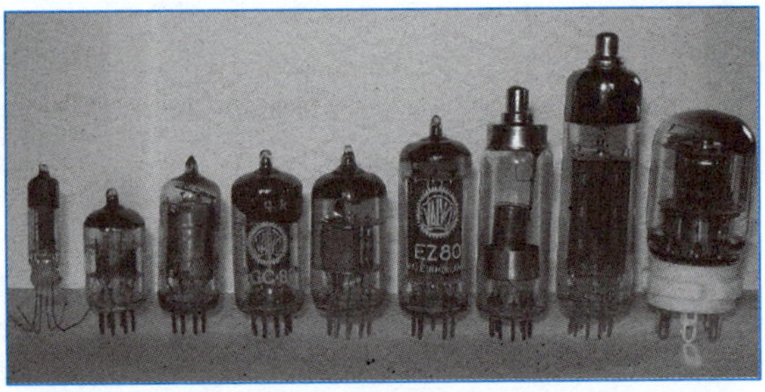

图 1-1　真空电子管

ENIAC 是世界上第一台电子计算机（见图 1-2），占地 170 m²，质量为 30 t，功率为 150 kW，被美国国防部用来进行弹道计算。该机器字长为 10 位十进制数，每秒可进行 5 000 次加法运算，每次至多只能存储 20 个字长为 10 位的十进制数。计算程序是通过“外接”线路，而不是采用“存储”方式。为了在机器上运行几分钟的计算程序，其准备工作要花去几小时甚至 1~2 天的时间。

该计算机的缺点是体积大、功耗高、可靠性差，速度慢（一般为每秒数千次至数万次），价格昂贵，但为以后的计算机发展奠定了基础。

2. 第二代计算机：晶体管数字计算机（1959—1964 年）

硬件方面，晶体管（见图 1-3）的发明大大促进了计算机的发展。1956 年，晶体管代替电子管，在计算机中使用，使得电子设备体积减小。晶体管和磁芯存储器导致了第二代计算机的产生，如图 1-4 所示。

图 1-2 电子管计算机 ENIAC

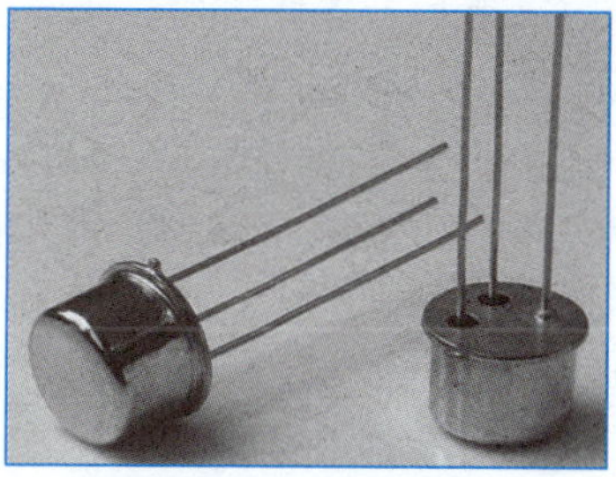

图 1-3 晶体管

第二代计算机的优点是体积小、速度快、功耗低、性能更稳定。首先使用晶体管技术的是早期的超级计算机，主要用于原子科学的大量数据处理，这些机器价格昂贵，生产数量极少。

软件方面的操作系统、高级语言及其编译程序应用领域以科学计算和事务处理为主，并开始进入工业控制领域。其特点是体积缩小、能耗降低、可靠性提高、运算速度提高（一般为每秒数十万次，最高可达 300 万次）、性能比第一代计算机有很大的提高。

3. 第三代计算机：集成电路计算机（1965—1970 年）

硬件方面，逻辑元件采用中、小规模集成电路（MSI、SSI）（见图 1-5），主存储器仍采用磁芯。

图 1-4 第二代计算机

图 1-5 中、小规模集成电路

软件方面出现了分时操作系统以及结构化、规模化程序设计方法。其特点是速度更快（一般为每秒数百万次至数千万次），而且可靠性有了显著提高，价格进一步下降，产品走向了通用化、系列化和标准化等。应用领域开始进入文字处理和图形图像处理领域。

4. 第四代计算机：大规模集成电路计算机（1970 年开始）

硬件方面，逻辑元件采用大规模（large scale integration，LSI）和超大规模集成电路（very large scale integration circuit，VLSI），如图 1-6 所示。软件方面出现了数据库管理系统、网络管理系统和面向对象语言等。

图 1-6 大规模集成电路

1971 年，世界上第一台微处理器在美国硅谷诞生，开创了微型计算机的新时代。应用领域从科学计算、事务管理、过程控制逐步走向家庭。

由于集成技术的发展，半导体芯片的集成度更高，每块芯片可容纳数万乃至数百万个晶体管，并且可以把运算器和控制器都集中在一个芯片上、从而出现了微处理器。并且，可以用微处理器和大规模、超大规模集成电路组装成微型计算机。微型计算机体积小，价格便宜，使用方便，而且它的功能和运算速度已经达到甚至超过了过去的大型计算机。另一方面，利用大规模、超大规模集成电路制造的各种逻辑芯片，体积并不很大，但运算速度可达一亿甚至几十亿次的巨型计算机。我国继 1983 年研制成功每秒运算一亿次的银河 I 型巨型机以后，又于 1993 年研制成功每秒运算十亿次的银河 II 型通用并行巨型计算机。这一时期还产生了新一代的程序设计语言以及数据库管理系统和网络软件等。

5. 第五代计算机：智能计算机（1981 年开始）

知识信息处理系统（knowledge information processing system，KIPS）就是通常所说的第五代计算机系统，又称智能计算机。

（1）智能计算机的各部分组成

① 知识库（knowledge bank，KB）、知识库计算机（knowledge bank machine，KBM）和知识库管理系统（knowledge bank management system，KBMS）。

② 问题求解和推理机。

③ 智能接口系统。

④ 应用系统。

（2）第五代计算机系统要达到的目标

① 用自然语言、图形、图像和文件进行输入/输出。

② 用自然语言进行对话的信息处理方式，为用户使用计算机提供方便。

③ 能处理和保存知识，以供使用；配备各种知识数据库，起顾问作用。

④ 能够自己学习和推理，帮助人类扩展自己的才能。

（3）第五代计算机与传统计算机的主要差别

① 处理的“信息”是“知识”，而不是“数据”。

②“信息”的传送是知识的传送，而不是字符串的传送。

③“信息”的处理是对问题的求解和推理，而不是按既定进程进行计算。

④“信息”的管理是知识的获取和利用，而不是数据收集、积累和检索。

1.1.2 计算机的发展趋势

1. 高性能计算

高性能计算是指通常使用很多处理器（作为单个机器的一部分）或者某一集群中组织的几台计算机（作为单个计算资源操作）的计算系统和环境。

由于具有巨大的数值计算和数据处理能力，高性能计算被广泛应用于国民经济、国防建设和科技发展等具有深远影响的领域，如石油勘探、地震预测和预报、气候模拟和大范围天气预报、航空航天飞行器、卫星图像处理、人类遗传基因检测等，对国民经济、科学技术的发展、军事和国防建设具有十分重要的意义。

2. 云计算

将计算资源以服务的方式，即以可扩展可组合的方式提供给客户，客户可按需定制、使用计算资源，这种计算能力称为云计算。按照计算资源划分，可以将硬件部分（如计算节点、存储节点等）按服务提供，即基础设施作为服务（infrastructure as a service，IaaS）；将操作系统、中间件等按服务提供，即平台作为服务（platform as a service，PaaS）；将应用软件等按服务提供，即软件作为服务（software as a service，SaaS）。

将计算资源推广到现实世界的各种资源（如车辆资源、仓储资源等），以服务的形式提供，以互联网的形式进行资源的聚集、资源的租赁、资源的使用监控等资源服务的新模式称为“云服务”。

3. 智能计算

使计算机具有类似人的智能，一直是计算机科学家不断追求的目标。例如，人工智能是使计算机能像人一样思考和判断，让计算机可以做过去只有人才能做的工作。1997 年 5 月，超级计算机“深蓝”战胜了国际象棋特级大师卡斯帕罗夫。2016 年 3 月 15 日，谷歌围棋人工智能 AlphaGo 以 4∶1 打败世界顶尖围棋高手韩国棋手李世石，标志着人工智能的发展正在逐步走向成熟。

在利用搜索引擎进行搜索时，输入特征关键词后通过智能计算可使检索结果越来越符合结果的期望值。在典型的资源配置决策优化问题中，计算机在求解此类问题时可能需要较长时间，甚至是做不出来。而利用一些仿生智能算法（一种从自然界得到启发，模仿其结构和工作原理所设计的问题求解算法，如遗传算法、粒子群算法、蚁群算法等）可帮助解决此类问题。

另一方面，智能研究也在研究人的脑结构并将其应用于问题求解机器的设计中。例如，IBM 研究认知型计算机可以利用神经系统科学对大脑的生物过程进行模拟；超级计算机可使科技与大脑错综复杂的状态相匹配，可以利用纳米技术创建模拟的神经键。

另一类智能计算的例子就是模式识别，在指纹识别技术和机器翻译方面得到广泛应用。计算机辅助翻译极大提高了翻译效率，在输入方面，手写输入技术已经在手机上得到应用，语音输入也在不断完善中。

4. 生物计算

生物计算是利用生物分子细胞或生物系统进行信息处理的计算方式。生物计算包含两方面：一方面，随着新的计算机结构和新的元器件的发展、计算机性能的提高，生物计算机成为一种新的选择；另一方面，随着分子生物学的突飞猛进，生物计算已经成为数据量最大的一门学问，借助计算机进行分子生物信息研究，可以通过数量分析的途径获取突破性的成果。

生物计算更重要的方面是利用计算机进行基因组研究，运用大规模高效的理论和数值计算，归纳、整理基因组的信息和特征，模拟生命体内的信息流过程进而揭示代谢、发育、分化、进化的规律，探究人类健康和疾病的根源，并进一步转化为医学领域的进步从而为人类健康服务。

1.2 计算机前沿技术

1.2.1 人工智能与机器学习

人工智能（artificial intelligence，AI）的核心在于使机器具备类似人类的智能能力，如学习、推理、决策等。

机器学习（machine learning，ML）作为 AI 的一个重要分支，通过让计算机系统从数据中学习并改进其性能，而无须进行明确的编程。

1. 技术应用

① 自然语言处理（natural language processing，NLP）：利用深度学习模型（如 BERT、GPT 系列）处理和理解人类语言，实现文本分类、情感分析、机器翻译等功能。

② 图像识别与计算机视觉：通过卷积神经网络（convolutional neural networks，CNN）等技术，实现对图像和视频内容的自动识别和解析，广泛应用于安防监控、自动驾驶等领域。

③ 智能推荐系统：基于用户行为数据和物品特征，利用协同过滤、深度学习等方法，为用户提供个性化的推荐服务。

2. 发展趋势

随着大数据和计算能力的提升，AI 和 ML 技术将在更多领域得到应用，如医疗诊断、金融风控、智能制造等。同时，多模态大模型和具身智能将成为新的研究热点，推动 AI 向更加通用和智能的方向发展。

1.2.2 量子计算

量子计算是一种遵循量子力学规律、通过调控量子信息单元进行计算的新型计算模式。与传统计算机使用二进制位（bit）不同，量子计算机使用量子比特（qubit）作为信息的基本单元。量子比特可以同时处于多种状态的叠加态，使得量子计算在处理特定问题时具有极高的并行性和效率。

1. 技术应用

① 优化问题：如旅行商问题、物流配送路径优化等，量子计算可以在短时间内找到最优解。

② 化学模拟：利用量子计算模拟分子结构和化学反应过程，加速新药研发和材料设计。

③ 密码学：量子计算可以破解现有的许多加密算法，同时也推动了后量子密码学的发展。

2. 发展趋势

尽管目前量子计算仍处于早期发展阶段，但其潜力巨大。随着量子芯片模块化和芯片互联技术的不断进步，量子计算将逐渐走向实用化，为科学和工业领域带来革命性的变化。

1.2.3　区块链技术

区块链技术是一种去中心化的分布式账本技术，通过密码学方法保证数据的不可篡改性和安全性。区块链由一系列按照时间顺序排列的数据块组成，每个数据块都包含了一定数量的交易信息，并且每个数据块都通过特定的算法与前一个数据块相连，形成一个链状结构。

1. 技术应用

① 数字货币：利用区块链技术实现去中心化的货币发行和交易。

② 供应链管理：通过区块链记录产品从生产到销售的全过程信息，提高供应链的透明度和可追溯性。

③ 身份验证：利用区块链存储用户的身份信息和认证记录，实现高效、安全的身份验证服务。

2. 发展趋势

随着区块链技术的不断成熟和应用场景的拓展，其将在金融、物流、医疗等领域发挥更大的作用。同时，区块链与 AI、大数据等技术的融合也将成为未来的发展方向。

1.2.4　云计算与边缘计算

云计算是一种商业计算模型，通过互联网提供计算资源和服务，用户可以随时随地访问和使用这些资源。

边缘计算则将计算任务推向网络的边缘节点，实现数据的快速处理和低延迟响应。

1. 技术应用

① 云存储与云数据库：利用云计算的分布式存储能力，实现海量数据的存储和管理。

② 智能仓储与物流：通过云计算和边缘计算相结合，实现仓库货物的实时监控和智能调度。

③ 在线教育：利用云计算提供的在线学习平台和边缘计算的低延迟响应，为用户提供高质量的学习体验。

2. 发展趋势

随着 5G 网络的普及和物联网的发展，云计算和边缘计算将实现更加紧密的结合，为各种应用场景提供更加高效和智能的服务。

1.2.5　虚拟现实与增强现实

虚拟现实（virtual reality，VR）和增强现实（augmented reality，AR）是两种重要的计算机图形技术。VR 通过创建沉浸式的虚拟环境，使用户能够身临其境地体验虚拟世界；AR 则将虚拟信息叠加到真实世界中，为用户提供更加丰富和直观的交互体验。

1. 技术应用

① 教育培训：VR 和 AR 技术可以模拟复杂的环境和场景，为学员提供更加生动和直观的学习体验，如医学手术模拟、飞行驾驶训练等。

② 游戏娱乐：VR 游戏为玩家提供了前所未有的沉浸式体验，让玩家仿佛置身于游戏世界中；AR 游戏则通过将手机或平板计算机等设备的摄像头捕捉到的真实世界画面与虚拟元素相

结合，创造出全新的游戏玩法。

③ 工业设计：设计师可以利用VR和AR技术进行产品原型设计和模拟测试，提前发现和解决潜在的问题，降低开发成本和时间。

2. 发展趋势

随着硬件设备的不断升级和成本的降低，VR和AR技术将更加普及。同时，随着5G、云计算等技术的支持，VR和AR应用的实时性和互动性将得到进一步提升。此外，随着人工智能技术的融入，VR和AR将能够更加智能地理解用户需求，提供更加个性化的服务。

1.2.6 物联网

物联网（Internet of things, IoT）是指通过信息传感设备，如射频识别（radio frequency identification, RFID）、红外感应器、全球定位系统、激光扫描器等装置与技术，将任何物品与互联网连接起来，进行信息交换和通信，以实现智能化识别、定位、跟踪、监控和管理的一种网络。

1. 技术应用

① 智能家居：通过物联网技术，用户可以远程控制家中的智能设备，如灯光、空调、安防系统等，实现家居生活的智能化和便捷化。

② 智慧城市：物联网技术在城市管理中有着广泛的应用，如智能交通系统、智能水务系统、智能环保系统等，可以提升城市管理效率和居民生活质量。

③ 工业4.0：物联网是实现工业4.0的重要技术之一，通过连接工厂中的设备和系统，实现生产过程的自动化、智能化和高效化。

2. 发展趋势

随着物联网技术的不断发展和应用场景的拓展，物联网将成为连接物理世界和数字世界的桥梁。未来，物联网将与云计算、大数据、人工智能等技术深度融合，推动各行各业的数字化转型和智能化升级。

1.2.7 语义网与知识图谱

语义网是一种智能网络，旨在使网络上的信息具有明确的语义，从而使计算机能够理解和处理这些信息。

知识图谱则是语义网的一种具体实现形式，它以结构化的方式描述现实世界中的实体、关系和属性等信息。

1. 技术应用

① 智能搜索：通过理解用户的查询意图和上下文信息，提供更加精准和个性化的搜索结果。

② 智能问答：基于知识图谱构建的问答系统能够回答用户提出的各种问题，如百科知识、天气查询等。

③ 智能推荐：结合用户的兴趣和行为数据以及知识图谱中的实体关系信息，为用户提供更加精准的推荐服务。

2. 发展趋势

随着大数据和人工智能技术的不断发展，语义网和知识图谱将在更多领域得到应用。未来，这些技术将进一步提高信息处理的智能化水平，推动互联网向更加智能和人性化的方向发展。

1.3 人工智能

1.3.1 人工智能的概念

人工智能（AI）是研究、开发用于模拟、延伸和扩展人的智能的理论、方法、技术及应用系统的一门新的技术科学。

人工智能是计算机科学的一个分支，它企图了解智能的实质，并生产出一种新的能以人类智能相似的方式做出反应的智能机器。该领域的研究包括机器人、语言识别、图像识别、自然语言处理和专家系统等。人工智能从诞生以来，理论和技术日益成熟，应用领域也不断扩大，可以设想，未来人工智能带来的科技产品，将会是人类智慧的“容器”。人工智能可以对人的意识、思维的信息过程进行模拟。人工智能不是人的智能，但能像人那样思考，也可能超过人的智能。

1.3.2 人工智能的应用

在人工智能中，关注和研究的领域很多，如语言处理、自动定理证明、视觉系统、问题求解及自动程序设计等。

人工智能的主要应用领域如下：

1. 问题求解

人工智能的第一个重大成就就是发展了能够求解难题的下棋程序。智能下棋程序与人类棋手之间的巨大差别还在于人类棋手所具有的但尚不能明确表达的能力，如国际象棋大师洞察棋局的能力。

2. 逻辑推理与定理证明

逻辑推理是人工智能研究中最持久的子领域之一。对数学中臆测的定理寻找一个证明或反证，确实称得上是一项智能任务。为此，不仅需要有根据假设进行演绎的能力，而且需要某些直觉技巧。

定理证明的研究在人工智能方法的发展中产生了重要影响。例如，采用谓词逻辑语言的演绎过程的形式化有助于更清楚地理解推理的某些子命题。许多非形式化的工作，包括医疗诊断和信息检索都可以和定理证明问题一样加以形式化。因此，在人工智能方法的研究中定理证明是一个极其重要的论题。

3. 自然语言理解

语言处理也是人工智能早期研究的领域之一，并引起进一步的重视。人工智能在语言翻译与语音理解程序方面已经取得的成就，发展为人类自然语言处理的新概念。

一个能够理解自然语言信息的计算机系统看起来就像一个人一样需要有上下文知识，以及根据这些知识用信息处理机制进行推理的过程。

4. 专家系统

专家系统是一个智能计算机程序系统，其内部具有大量专家水平的某个领域的知识与经验，能够利用人类专家的知识和解决问题的方法来解决该领域的问题。也就是说，专家系统是一个具有大量专门知识与经验的程序系统，它应用人工智能技术，根据某个领域中一个或多个人类专家提供的知识与经验进行推理和判断，模拟人类专家的决策过程，以解决那些需要专家决定的复杂问题。

专家系统的关键是表达和运用专家知识，即来自人类专家的并且已被证明对解决有关领域内的典型问题有用的事实和过程。专家系统与传统的计算机程序最本质的不同之处在于专家系统所要解决的问题一般没有算法解，并且经常在不完全、不精确或不确定的信息基础上做出结论。

5. 机器学习

学习能力无疑是人工智能研究中最突出和最重要的一个方面。学习是人类智能的主要标志和获得知识的基本手段。机器学习（自动获取新的事实及新的推理算法）是使计算机具有智能的根本途径。此外，机器学习还有助于发现人类学习的机理和揭示人脑的奥秘。

学习是一个有特定目的的知识获取过程，表现为新知识结构的不断建立和修改以及性能的改善。一个学习过程本质上是学习系统把导师（或专家）提供的信息转换成能被系统理解并应用的形式的过程。

6. 神经网络

传统的计算机不具备学习能力，无法快速处理非数值计算的形象思维等问题，也无法求解那些信息不完整、不确定性和模糊性的问题。人们一直在寻找新的信息处理机制，神经网络计算就是其中之一。

神经生理学家、心理学家与计算机科学家的共同研究得出的结论是：人脑是一个功能特别强大、结构异常复杂的信息处理系统，其基础是神经元及其连接关系。因此，对人脑神经元和人工神经网络的研究，可能创造出新一代人工智能机——神经计算机。

7. 机器人学

支持人工智能的聊天机器人已成为销售和客户服务的关键部分。聊天机器人为企业与世界交流提供了新途径，它可以协助品牌为客户提供服务并改善整体支持体验。早期版本的聊天机器人配置有限，无法处理参数之外的查询，因此，它的交流体验大幅降低了产品的吸引力。

然而，人工智能及其技术子集改变了聊天机器人的整体功能和智能性。人工智能驱动的机器学习算法和自然语言处理让聊天机器人掌握了学习和模仿人类对话的能力。如此先进的处理程序让聊天机器人得以在数字商务、银行业务、研究、销售、品牌建设等领域大显身手。

支持人工智能的聊天机器人可以完成耗时且重复的人工业务，从而提高了效率，降低了人力成本，消除了人为错误，优质服务得到保证。

8. 机器视觉

机器视觉是指计算机从图像中识别出物体、场景和活动的能力。机器视觉有着广泛的细分应用，其中包括医疗成像分析，用来提高疾病的预测、诊断和治疗；人脸识别，被支付宝或者网上一些自助服务用来自动识别照片中的人物。同时在安防及监控领域，也有很多应用。

机器视觉技术运用由图像处理操作及其他技术所组成的序列将图像分析任务分解为便于管理的小块任务。例如，一些技术能够从图像中检测到物体的边缘及纹理。分类技术可用作确定识别到的特征是否能够代表系统已知的一类物体。

1.4 云计算

1.4.1 云计算的概念

云计算（cloud computing）是基于互联网相关服务的增加、使用和交付模式，通常涉及通过互联网来提供动态易扩展且虚拟化的资源。美国国家标准与技术研究院（NIST）定义：云计算是一种按使用量付费的模式，这种模式提供可用的、便捷的、按需的网络访问，进入可配置的计算资源共享池（资源包括网络、服务器、存储、应用软件、服务），这些资源能够被快速提供，只需要投入管理工作或与服务供应商进行很少的交互。

1. 云计算与分布式计算、效用计算、自主计算的差别

① 分布式计算：这是一门计算机科学，研究如何把一个需要非常大的计算能力才能解决的问题分成许多小的部分，然后把这些部分分配给许多计算机进行处理，最后把这些计算结果综合起来得到最终结果。中国科学技术信息研究所（ISTIC）对分布式计算的定义：分布式计算是指在两个或多个软件中共享信息，既可在同一台计算机上运行，也可在通过网络连接起来的多台计算机上运行。

② 效用计算：这是一种提供服务的模型，在这个模型中服务提供商产生客户需要的计算资源并进行基础设施管理。

③ 自主计算：美国 IBM 公司于 2001 年 10 月提出的一种概念。IBM 将自主计算定义为“能够保证电子商务基础结构服务水平的自我管理技术”。其最终目的在于使信息系统能够自动地对自身进行管理，并维持其可靠性。

云计算是通过大量的分布式计算机完成计算的，而非本地计算机或远程服务器，使个人和企业能够将资源切换到需要的应用上，根据需求访问计算机和存储系统。

2. 云计算的特点

① 超大规模：“云”具有相当的规模，例如，Google 云计算已经拥有 100 多万台服务器，Amazon、IBM、微软、Yahoo 等的云均拥有几十万台服务器。企业私有云一般拥有数百上千台服务器。“云”能赋予用户前所未有的计算能力。

② 虚拟化：云计算支持用户在任意位置、使用任意终端获取应用服务。所请求的资源来自云，而不是固定的、有形的实体。应用在云中某处运行，但实际上用户无须了解，也不用担心应用运行的具体位置。只需要一个终端就可以通过网络服务来实现需求，甚至包括超级计算这样的任务。

③ 高可靠性：云使用了数据多副本容错、计算节点同构可互换等措施来保障服务的高可靠性，使云计算比本地计算机更可靠。

④ 通用性：云计算不针对特定的应用，在云的支撑下可以构造出千变万化的应用，同一个云可以同时支撑不同的应用运行。

⑤ 高可扩展性：云的规模可以动态伸缩，满足应用和用户规模增长的需要。

⑥ 按需服务：云是一个庞大的资源池，可以按需购买；云可以像自来水、电、煤气那样计费。

⑦ 成本极低：由于云的特殊容错措施可以采用极低价格的节点来构成云，云的自动化集中

式管理使得大量企业无须负担日益高昂的数据中心管理成本。云的通用性使资源的利用率较之传统系统大幅提升，因此用户可以充分享受云的低成本优势。

1.4.2 云计算的应用

云计算技术已经普遍应用于现如今的互联网服务中，最为常见的就是网络搜索引擎和网络邮箱。搜索引擎如谷歌和百度，在任何时刻，只要通过移动终端就可以在搜索引擎上搜索任何想要的资源，通过云端共享了数据资源。而网络邮箱也是如此，在过去，寄写一封邮件是一件比较麻烦的事情，同时也是很慢的过程，而在云计算技术和网络技术的推动下，电子邮箱成为社会生活中的一部分，只要在网络环境下，就可以实现实时的邮件发送。云计算技术已经融入现今的社会生活。

1. 存储云

存储云又称云存储，是在云计算技术上发展起来的一种新的存储技术。云存储是一个以数据存储和管理为核心的云计算系统。用户可以将本地的资源上传至云端，可以在任何地方接入互联网来获取云上的资源。在国内，百度云和微云是市场占有量最大的存储云。存储云向用户提供了存储容器服务、备份服务、归档服务和记录管理服务等，方便了用户对资源的管理。

2. 医疗云

医疗云是指在云计算、移动技术、多媒体、4G/5G 通信、大数据，以及物联网等新技术基础上，结合医疗技术，使用“云计算”来创建医疗健康服务云平台，实现了医疗资源的共享和医疗范围的扩大。因为云计算技术的运用与结合，医疗云提高了医疗机构的效率，方便居民就医。现在医院的预约挂号、电子病历、医保等都是云计算与医疗领域相结合的产物，医疗云还具有数据安全、信息共享、动态扩展、布局全国的优势。

3. 金融云

金融云是指利用云计算的模型，将信息、金融和服务等功能分散到庞大分支机构构成的互联网“云”中，旨在为银行、保险和基金等金融机构提供互联网处理和运行服务，同时共享互联网资源，从而解决现有问题并且达到高效、低成本的目标。金融云在金融行业的应用场景非常广泛，如金融机构对海量交易数据进行分析并识别潜在风险及提出解决方案、金融运营与结算、建立客户关系管理系统实现个性化营销并提供更好的客户服务体验。

4. 教育云

教育云实际上是指教育信息化的一种发展。教育云将所需要的任何教育硬件资源虚拟化，然后将其传入互联网中，以向教育机构和学生老师提供一个方便快捷的平台。平台通过大数据和人工智能技术，为用户提供个性化订阅、智能推送、精准检索等功能。平台满足专题活动、课堂教学、自主学习、备课研修、课后服务等重点场景，实现部分场景的应用适配多种设备等。教育云平台在知识生产、资源共享、学习支持、监测评价和管理决策等方面发挥了重要作用，推动了教育的高质量发展。

1.4.3 云计算的体系结构

云计算体系结构分为四层：物理资源层、资源池层、管理中间件层和面向服务的体系结构（service-oriented architecture，SOA）构建层，如图 1-7 所示。

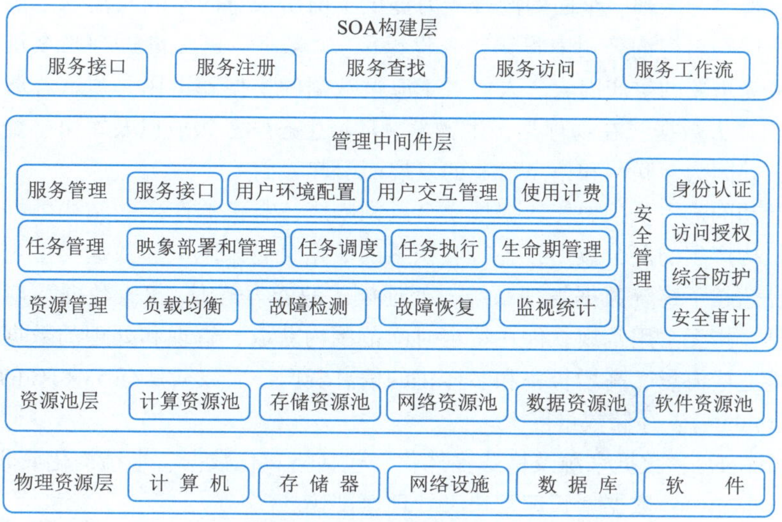

图 1-7　云计算体系结构

物理资源层包括计算机、存储器、网络设施、数据库和软件等。资源池层是将大量相同类型的资源构成同构或接近同构的资源池，如计算资源池、数据资源池等。构建资源池是物理资源的集成和管理工作，例如研究在一个标准集装箱的空间如何装下 2 000 个服务器、解决散热和故障节点替换的问题并降低能耗。管理中间件层负责对云计算的资源进行管理，并对众多应用任务进行调度，使资源能够高效、安全地为应用提供服务。SOA 构建层将云计算能力封装成标准的 Web 服务，并纳入 SOA 体系进行管理和使用，包括服务接口、服务注册、服务查找、服务访问和服务工作流等。管理中间件层和资源池层是云计算技术的最关键部分，SOA 构建层的功能更多依靠外部设施提供。

云计算的管理中间件层负责资源管理、任务管理、用户管理和安全管理等工作。资源管理负责均衡地使用云资源节点，检测节点的故障并试图恢复和屏蔽它，并对资源的使用情况进行监视统计；任务管理负责执行用户或应用提交的任务，包括完成用户任务映像部署和管理、任务调度、任务执行、生命期管理等；用户管理是实现云计算商业模式的一个必不可少的环节，包括提供用户交互接口、管理和识别用户身份、创建用户程序的执行环境、对用户的使用进行计费等；安全管理保障云计算设施的整体安全，包括身份认证、访问授权、综合防护和安全审计等。

1.5　大数据

云计算正是大数据探索过程中的动力源泉，通过对大数据进行检索、分析、挖掘、研判，可以使得决策更为精准，释放出数据背后隐藏的价值。大数据正在改变人们的生活及理解世界的方式，正在成为新发明和新服务的源泉。

1.5.1　大数据产生的背景

大数据（big data）一词越来越多地被提及，人们用它来描述和定义信息爆炸时代产生的海量数据，并命名与之相关的技术发展与创新。大数据时代对人类的数据驾驭能力提出了新的挑战，也为人们获得更为深刻、全面的洞察能力提供了前所未有的空间与潜力。最早提出大数据时代到来的是全球知名咨询公司麦肯锡，麦肯锡称："数据，已经渗透到当今每一个行业和业务职能领域，成为重要的生产因素。人们对于海量数据的挖掘和运用，预示着新一波生产率增长浪潮的到来。""大数据"在物理学、生物学、环境生态学等领域以及军事、金融、通信等行业已普遍存在，并因为互联网和信息行业的发展而引起人们关注。

随着人类活动的进一步扩展，数据规模会急剧膨胀，有机器产生的结构数据、人类产生的非结构数据和机构产生的混合数据，各行业积累的数据量越来越大，数据类型也越来越多、越来越复杂，已经超越了传统数据管理系统、处理模式的能力范围，"大数据"应运而生。大数据又称巨量数据，指无法用常规软件在特定时间范围内获取、管理和处理的数据集合，是需要新处理模式才能适应海量、高增长率和多样化的信息资产。大数据具有 5V+1C 的特征：

① 大量（volume）：存储数量巨大。

② 多样（variety）：数据来源及格式多样化，包括格式化数据、半结构化或非结构化数据。

③ 高速（velocity）：数据增长速度快、处理速度快。

④ 价值（value）：在数据处理过程中挖掘数据潜在的价值。

⑤ 准确性（veracity）：数据处理结果保证准确性。

⑥ 复杂（complexity）：数据处理和分析难度大。

从大数据的特征可以看出三个层次的内容：① 海量的数据；② 数据复杂度高；③ 处理时效与分析得到的结果的可用性。数据海量加之结构复杂，对分析处理的技术要求相当高，数据的及时处理难度相当大；同时，从大数据中提取出来的规律或结果必须是真实的、有价值的、可用的。可见，大数据涉及从存储、转换、传输直到分析的每一个层面，运用传统的数据处理工具和技术无法满足实时处理大数据的需求。

1.5.2 大数据的应用场景

对于大数据的应用场景，包括各行各业对大数据处理和分析的应用，最核心的还是用户需求。本节通过梳理各个行业在大数据领域的应用来展示其潜在的大数据应用场景。

1. 医疗大数据的应用

医疗行业的数据符合大数据的特征，包括了大量的病历、病理报告、治愈方案、药物报告等，对这些数据进行整理和应用将会极大地帮助医生和病人。借助于大数据平台可以收集不同病例和治疗方案，以及病人的基本特征，可以建立针对疾病特点的数据库。在医生诊断病人时可以参考病人的疾病特征、化验报告和检测报告，参考疾病数据库来快速帮助病人确诊，明确定位疾病。在制定治疗方案时，医生可以依据病人的基因特点，调取相似基因、年龄、人种、身体情况相同的有效治疗方案，制定出适合病人的治疗方案，帮助更多的人及时进行治疗。同时，这些数据也有利于医药行业开发出更加有效的药物和医疗器械。

2. 金融大数据的理财应用

大数据在金融行业的应用可以总结为以下五个方面：

① 精准营销：依据客户消费习惯、地理位置、消费时间进行推荐。

② 风险管控：依据客户消费和现金流提供信用评级或融资支持，利用客户社交行为记录实施信用卡反欺诈行为。

③ 决策支持：利用决策树技术进行抵押贷款管理，利用数据分析报告实施产业信贷风险

控制。

④ 效率提升：利用金融行业全局数据了解业务运营薄弱点，利用大数据技术加快内部数据处理速度。

⑤ 产品设计：利用大数据计算技术为财富客户推荐产品，利用客户行为数据设计满足客户需求的金融产品。

3. 零售行业大数据的应用

零售行业大数据应用有两个层面：一个层面是零售行业可以了解客户消费喜好和趋势，进行商品的精准营销，降低营销成本；另一个层面是依据客户购买产品，为客户提供可能购买的其他产品，扩大销售额，也属于精准营销范畴。另外，零售行业可以通过大数据掌握未来消费趋势，有利于热销商品的进货管理和过季商品的处理。零售行业的数据对于产品生产厂家是非常宝贵的，零售商的数据信息将会有助于资源的有效利用，降低产能过剩，厂商依据零售商的信息按实际需求进行生产，减少不必要的生产浪费。

4. 农牧大数据量化生产

大数据在农业应用主要是指依据未来商业需求的预测来进行农牧产品生产，降低菜贱伤农的概率。同时，大数据的分析将会更加精确地预测未来的天气气候，帮助农牧民做好自然灾害的预防工作。大数据同时也会帮助农民依据消费者消费习惯决定增加哪些品种的种植，减少哪些品种农作物的生产，提高单位种植面积的产值，有助于快速销售农产品，完成资金回流。牧民可以通过大数据分析安排放牧范围，有效利用牧场。渔民可以利用大数据安排休渔期、定位捕鱼范围等。

5. 教育大数据因材施教

随着技术的发展，信息技术已在教育领域有了越来越广泛的应用。考试、课堂、师生互动、校园设备使用、家校关系……只要技术达到的地方，各个环节都被数据包裹。

在课堂上，数据不仅可以帮助改善教育教学，在重大教育决策制定和教育改革方面，大数据更有用武之地。有了充分的数据，就可以发掘更多的教师特征和学生成绩之间的关系，从而为挑选教师提供更好的参考。大数据还可以帮助家长和教师甄别出孩子的学习差距和有效的学习方法。利用评估工具的数据分析可以让教师跟踪学生学习情况，从而找到学生的学习特点和方法。这些都可以通过大数据搜集和分析很快识别出来，从而为教育教学提供坚实的依据。

在国内尤其是北京、上海、广州等城市，大数据在教育领域已有非常多的应用，如慕课、在线课程、翻转课堂等就应用了大量的大数据工具。

在不远的将来，无论是针对教育管理部门，还是校长、教师以及学生和家长，都可以得到针对不同应用的个性化分析报告。通过大数据的分析来优化教育机制，可以做出更科学的决策，这将带来潜在的教育革命。不久的将来个性化学习终端，将会更多地融入学习资源云平台，根据每个学生的不同兴趣爱好和特长，推送相关领域的前沿技术、资讯、资源乃至未来职业发展方向等，并贯穿每个人终身学习的全过程。

6. 环境大数据对抗

气象对社会的影响涉及方方面面。传统上依赖气象的主要是农业、林业和水运等行业部门，而如今，气象俨然成为 21 世纪社会发展的资源，并支持定制化服务满足各行各业用户需要。借助于大数据技术，天气预报的准确性和实效性将会大幅提高，预报的及时性将会大幅提升，同时对于重大自然灾害，例如龙卷风，通过大数据计算平台，人们将会更加精确地了解其运动轨迹和危害的等级，有利于帮助人们提高应对自然灾害的能力。天气预报准确度的提升和预测周期的延长有利于农业生产的安排。

7. 食品大数据的食品安全应用

随着科学技术和生活水平的不断提高，食品添加剂及食品品种越来越多，传统手段难以满足当前复杂的食品监管需求，从食品安全方面来看，食品监管成了食品安全的棘手问题。此刻，通过大数据管理将海量数据聚合在一起，将离散的数据需求聚合形成数据长尾，从而满足传统方法难以实现的需求。在数据驱动下，采集人们在互联网上提供的举报信息，国家可以掌握部分乡村和城市的死角信息，挖出非法加工点，提高执法透明度，降低执法成本。国家可以参考医院提供的就诊信息，分析出涉及食品安全的信息，及时进行监督检查，第一时间进行处理，降低已有不安全食品的危害。参考个体在互联网的搜索信息，掌握流行疾病在某些区域和季节的爆发趋势，及时进行干预，降低其流行危害。政府可以提供不安全食品厂商信息、不安全食品信息，帮助人们增强食品安全意识。

食品安全涉及从田头到餐桌的每一个环节，需要覆盖全过程的动态监测才能保障食品安全，以稻米生产为例，产地、品种、土壤、水质、病虫害发生、农药种类与数量、化肥、收获、储藏、加工、运输、销售等环节，无一不影响稻米安全状况，通过收集、分析各环节的数据，可以预测某产地将收获的稻谷或生产的稻米是否存在安全隐患。

1.5.3 大数据的关键技术

大数据技术是一系列使用非传统的工具来对大量的结构化、半结构化和非结构化数据进行处理，从而获得分析和预测结果的数据处理技术。大数据的关键技术涵盖数据存储、处理、应用等多方面的技术，根据大数据的处理过程，可将其分为大数据采集、大数据预处理、大数据存储及管理、大数据处理、大数据分析及挖掘、大数据呈现等。

1. 大数据采集技术

大数据采集技术是指通过射频识别（RFID）数据、传感器数据、社交网络交互数据及移动互联网数据等方式获得各种类型的结构化、半结构化及非结构化的海量数据。大数据的采集通常采用多个数据库来接收终端数据，包括智能硬件端、多种传感器端、网页端、移动 App 端等。

在大数据的采集过程中，主要面对的挑战是并发数高，因为同时可能会有成千上万的用户来进行访问和操作，例如，12306 售票网站和淘宝网站，它们并发的访问量在峰值时达到上百万，所以，需要在采集端部署大量数据库才能支撑，并且如何在这些数据库之间进行负载均衡和分片也是需要深入思考和设计的。

2. 大数据预处理技术

大数据预处理技术主要是指完成对已接收数据的辨析、抽取、清洗、填补、平滑、合并、规格化及检查一致性等操作。因获取的数据可能具有多种结构和类型，数据抽取的主要目的是将这些复杂的数据转化为单一的或者便于处理的结构，以达到快速分析处理的目的。

通常数据预处理包含三部分：数据清理、数据集成和变换及数据归约。

① 数据清理：主要包含遗漏值处理（缺少感兴趣的属性）、噪声数据处理（数据中存在错误或偏离期望值的数据）和不一致数据处理。

- 遗漏数据可用全局常量、属性均值、可能值填充或者直接忽略该数据等方法处理。

• 噪声数据可用分箱（对原始数据进行分组，然后对每一组内的数据进行平滑处理）、聚类、计算机人工检查和回归等方法去除噪声。

• 对于不一致数据则可进行手动更正。

② 数据集成和变换：指把多个数据源中的数据整合并存储到一个一致的数据库中。这一过程中需要着重解决三个问题：模式匹配、数据冗余、数据值冲突检测与处理。

由于来自多个数据集合的数据在命名上存在差异，因此等价的实体常具有不同的名称。对来自多个实体的不同数据进行匹配是处理数据集成的首要问题。数据冗余可能来源于数据属性命名的不一致，可以利用皮尔逊积矩来衡量数值属性，对于离散数据可以利用卡方检验来检测两个属性之间的关联。数据值冲突问题主要表现为，来源不同的统一实体具有不同的数据值。数据变换的主要过程有平滑、聚集、数据泛化、规范化及属性构造等。

③ 数据归约：指在对挖掘任务和数据本身内容理解的基础上，寻找依赖于发现目标的数据的有用特征，以缩减数据规模，从而在尽可能保持数据原貌的前提下，最大限度地精简数据量。在规约后的数据集上进行挖掘，依然能够得到与使用原数据集时近乎相同的分析结果。

在大数据的集成和预处理过程中，主要问题是导入的数据量大，每秒的导入量经常会达到百兆甚至千兆级别。

3. 大数据存储及管理技术

大数据存储及管理的主要目的是用存储器把采集到的数据存储起来，建立相应的数据库，并进行管理和调用。在大数据时代，从多渠道获得的原始数据经常缺乏一致性，数据结构混杂并且数据不断增长。这就造成了单机系统的性能不断下降，即使不断提升硬件配置也难以跟上数据增长的速度，因此导致传统的处理和存储技术失去可行性。

大数据存储及管理技术重点研究复杂结构化、半结构化和非结构化大数据管理与处理技术，解决大数据的可存储、可表示、可处理、可靠性及有效传输等几个关键问题。主要包含以下几个问题：海量文件的存储与管理，海量小文件的存储、索引和管理，海量大文件的分割与存储，系统可扩展性与可靠性。

面对海量的 Web 数据，为了满足大数据的存储和管理，Google 自行研发了一系列大数据技术和工具用于内部各种大数据应用，并将这些技术以论文的形式逐步公开。因此，以 GFS、MapReduce、BigTable 为代表的一系列大数据处理技术被广泛了解并得到应用，同时还催生出以 Hadoop 为代表的一系列大数据开源工具。

4. 大数据处理技术

大数据的应用类型很多，主要的处理模式可以分为流处理模式和批处理模式两种。批处理是先存储后处理，而流处理则是直接处理。

① 批处理模式：Google 公司在 2004 年提出的 MapReduce 编程模型是最具代表性的批处理模式。MapReduce 模型首先将用户的原始数据源进行分块，然后分别交给不同的 Map（映射）任务去处理。Map 任务从输入中解析出 key/value（键/值）对集合，然后对这些集合执行用户自行定义的 Map 函数得到中间结果，并将该结果写入本地硬盘。Reduce（归约）任务从硬盘上读取数据之后，会根据 key 值进行排序，将具有相同 key 值的数据组织在一起。最后，用户自定义的 Reduce 函数会作用于这些排好序的结果并输出最终结果。

② 流处理模式：流处理模式中数据的价值会随着时间的流逝而不断减少。因此，尽可能快

地对最新的数据做出分析并给出结果是所有流处理模式的主要目标。需要采用流处理模式的大数据应用场景主要有网页点击数的实时统计、传感器网络、金融中的高频交易等。

流处理模式将数据视为流，将源源不断的数据组成数据流。当新的数据到来时就立刻处理并返回所需的结果。数据的实时处理是一个很有挑战性的工作，数据流本身具有持续到达、速度快、规模巨大等特点，因此，通常不会对所有的数据进行永久化存储，同时，由于数据环境处在不断变化之中，系统很难准确掌握整个数据的全貌。

由于响应时间的要求，流处理的过程基本在内存中完成，其处理方式更多地依赖于在内存中设计巧妙的概要数据结构。内存容量是限制流处理模式的一个主要瓶颈。

5. 大数据分析及挖掘

随着大数据的广泛应用使得大数据的属性，包括数量、速度、多样性等都引发了大数据不断增长的复杂性，所以大数据的分析方法在大数据领域就显得尤为重要，可以说是决定最终信息是否有价值的决定性因素。

利用数据挖掘进行数据分析的常用方法主要有分类、回归分析、聚类、关联规则等，它们分别从不同的角度对数据进行挖掘。

① 分类：指找出数据库中一组数据对象的共同特点并按照分类模式将其划分为不同的类。其目的是通过分类模型，将数据库中的数据项映射到某个给定的类别。它可以应用到客户的分类、客户的属性和特征分析、客户满意度分析、客户的购买趋势预测等。

② 回归分析：反映事务数据库中属性值在时间上的特征。该方法可产生一个将数据项映射到一个实值预测变量的函数，发现变量或属性间的依赖关系，其主要研究问题包括数据序列的趋势特征、数据序列的预测及数据间的相关关系等。

回归分析可以应用到市场营销的各个方面，如客户寻求、保持和预防客户流失活动、产品生命周期分析、销售趋势预测及有针对性的促销活动等。

③ 聚类：把一组数据按照相似性和差异性分为几个类别。其目的是使得属于同一类别数据间的相似性尽可能大，不同类别中数据间的相似性尽可能小。它可应用于客户群体的分类、客户背景分析、客户购买趋势预测、市场的细分等。

④ 关联规则：描述数据库中数据项之间所存在的关系的规则。即根据一个事务中某些项的出现可推导出另一些项在同一事务中也会出现，即隐藏在数据间的关联或相互关系。

在客户关系管理中，通过对企业的客户数据库中的大量数据进行挖掘，可以从大量的记录中发现关联关系，找出影响市场营销效果的关键因素，为产品定位、定价，客户寻求、细分与保持，市场营销与推销，营销风险评估和诈骗预测等决策支持提供参考依据。

6. 大数据呈现技术

在大数据时代，数据井喷似的增长，分析人员需要将这些庞大的数据汇总并进行分析。如果分析出的成果是密密麻麻的文字，就会增加理解的难度，因此需要将数据可视化。

图表甚至动态图的形式可将数据更加直观地展现给用户，从而减少用户的阅读和思考时间，以便很好地做出决策。可视化技术是最佳的结果展示方式之一，通过清晰的图形图像直观地反映出最终结果。

数据可视化是将数据以不同的视觉表现形式展现在不同系统中，包括相应信息单位的各种属性和变量。数据可视化技术通过表达、建模，以及对立体、表面、属性、动画的显示，对数据加以可视化解释。

传统的数据可视化工具仅仅将数据加以组合，通过不同的展现方式提供给用户，用于发现数据之间的关联信息。随着大数据时代的来临，数据可视化产品已经不再满足于使用传统的数据可视化工具对数据仓库中的数据进行抽取、归纳及简单的展现。

新型的数据可视化产品必须满足互联网上爆发的大数据需求，必须快速收集、筛选、分析、归纳、展现决策者所需要的信息，并根据新增的数据进行实时更新。因此，在大数据时代，数据可视化工具具有以下特性：

① 实时性：数据可视化工具应适应大数据时代数据量的爆炸式增长需求，快速收集、分析数据，并对数据信息进行实时更新。

② 操作简单：数据可视化工具满足快速开发、易于操作的特性，能满足互联网时代信息多变的特点。

③ 更丰富的展现方式：数据可视化工具需要具有更丰富的展现方式，能充分满足数据展现的多维度要求。

④ 多种数据集成支持方式：数据的来源不仅仅局限于数据库，数据可视化工具将支持团队协作数据、数据仓库、文本等多种方式，并能够通过互联网进行展现。

获取数据可视化功能主要通过编程和非编程两类工具实现。主流编程工具包括 3 种类型：从艺术的角度创作的数据可视化工具，比较典型的工具是 Processing. js，它是为艺术家提供的编程语言；从统计和数据处理的角度创作的数据可视化工具，R 语言是一款典型的工具，其本身既可以做数据分析，又可以做图形处理；介于两者之间的工具，既要兼顾数据处理，又要兼顾展现效果，D3. js 是一个不错的选择，这种基于 JavaScript 的数据可视化工具更适合在互联网上互动式展示数据。

1.6 拓展阅读

1.6.1 量子赛道跑出“中国速度”

量子计算机理论上具备超越经典计算机的计算能力，正在引领新一代计算技术。

量子芯片是量子计算机的核心处理器。近年来，我国在量子芯片领域取得积极进展，在全球量子赛道中跑出了“中国速度”。

1. 成果频出

目前，量子计算比较主流的技术路线包括超导、光量子、离子阱、中性原子和硅半导体等。这些量子体系各具特点，目前仍处于“百家争鸣”状态。

中电信量子信息科技集团有限公司（以下简称“中电信量子集团”）量子计算技术部牵头人孙汉涛认为，超导量子芯片的技术发展路线比较成熟，主要优势是与现有半导体工业技术高度兼容，可设计性高，易于耦合，量子门操作速度快。

2019 年，谷歌公司成功研制出具有 53 个量子比特的量子芯片“悬铃木”（Sycamore）。基于该芯片，100 万次量子随机线路采样耗时约 200 s，而当时世界排名第一的超级计算机则需要 1 万年左右。谷歌公司宣称实现了量子优越性，这被视为量子计算发展史上的重要时刻。

2020 年，由中国科学院院士、中国科学技术大学（以下简称“中国科大”）教授潘建伟领衔的陆朝阳课题组和中国科学院上海微系统与信息技术研究所等单位合作，构建了光量子计算原型机“九章”，求解了高达 76 个光子的高斯玻色采样问题，求解速度超越经典超级计算机。“九章”在国际上首次实现基于光学体系的量子计算优越性，使中国成为全球第二个实现量子优越性的国家。随后发展的“九章三号”，能操纵 255 个光子。“九章三号”1 μs 可算出的最复杂样本，用世界上最强大的超级计算机之一“前沿”（Frontier）来计算，约需 200 亿年。

2021 年，潘建伟团队构建的 66 个量子比特可编程超导量子计算原型机“祖冲之二号”，执行量子随机线路采样任务的速度比当时全球最快的超级计算机快 1 000 万倍以上，计算复杂度比“悬铃木”提高了 6 个数量级。

2024 年 12 月 17 日，我国超导量子计算机“祖冲之三号”成果在线发表。研究结果表明，“祖冲之三号”超导量子计算芯片有 105 个超导量子比特，在各种性能指标上与谷歌公司的量子芯片“威洛”（Willow）旗鼓相当。目前，研究团队正基于“祖冲之三号”超导量子计算芯片开展相关测试工作，为实现大规模的量子纠错和量子比特操控铺平道路。

2. 优势显现

当前，高性能量子芯片数量并不多，且超导量子计算芯片还需要室温电子学系统、低温传输线缆、稀释制冷机等配套硬件设备维持其运行。

为了使更多量子计算算法、软件开发工作者，以及量子计算爱好者接触到量子计算，我国科学家及技术人员通过云技术，为大众提供量子计算便利。

2024 年 1 月 6 日，由本源量子计算科技（合肥）股份有限公司（以下简称“本源量子”）自主研发的超导量子计算机“本源悟空”上线运行。“本源悟空”搭载的 72 位自主超导量子芯片“悟空芯”，是本源量子自主研发的第三代超导量子芯片。“本源悟空”可一次性下发、执行多达 200 个量子线路的计算任务，相较于只能同时下发、执行单个量子线路的国际同类量子计算机，具有更大速度优势。“‘本源悟空’已为全球 139 个国家和地区的超 1 800 万用户，完成 30 余万个量子计算任务。”安徽省量子计算工程研究中心副主任、“本源悟空”云服务研制团队负责人赵雪娇告诉记者。

目前，我国科学家已在教育、生物医药等多个领域推广应用量子算力。2024 年 12 月 8 日，我国首个量子计算与数据医学研究院——合肥量子计算与数据医学研究院在本源量子成立。该研究院由蚌埠医科大学和本源量子共同设立，致力于通过量子计算提升我国医疗数据的安全性和应用效能。

赵雪娇说：“在生物医药行业，量子计算能够在药物设计、蛋白质结构预测、医疗数据的分析与处理等领域提供助力。”

2024 年 4 月，中国科学院量子信息与量子科技创新研究院向科大国盾量子技术股份有限公司（以下简称“国盾量子”）交付一款 504 比特超导量子计算芯片“骁鸿”，用于验证国盾量子自主研制的千比特测控系统等核心硬件。当年 12 月，基于“骁鸿”芯片，中电信量子集团和国盾量子联合研发出国内单台比特数最多的超导量子计算机“天衍 504”，并接入中国电信“天衍”量子计算云平台。该平台自 2023 年 11 月对外服务以来，已为来自全球 50 多个国家和地区的用户，提供超过 60 万个实验任务的计算服务。

素养园地 不甘落后、科技自信

通过“九章三号”和“祖冲之三号”量子计算机速度的介绍，对比国外的现状，延伸至我国的科技发展史，树立科技自信，明确责任担当。

1.6.2　量子计算机的速度极限

相比于传统计算机，量子计算机的运算速度能达到指数级的提升。但量子计算机受到的速度限制理论上并不止一个。2022 年年初，以色列理工学院团队尝试突破量子物理学的边界，提出并证明量子计算机的速度极限，这一研究成果（量子速度极限交叉研究）发表在 *Science Advances*（《科学进展》），研究团队通过使用快速物质波的干涉测量法，跟踪光阱中单个铯原子的运动，同时测试了在多能级系统中的两个著名的速度极限理论：曼德尔斯坦-塔姆速度极限（MT Bound）和马尔高拉斯-列维京速度极限（ML Bound）。

多级量子系统中的量子速度极限团队发现，曼德尔斯坦和塔姆的速度限制始终限制着量子态的发展速度，而两种速度极限的交叉会在更长的时间后发生。

要理解为什么量子计算机会有速度限制，就要理解速度极限理论所应用的领域。与电子计算机不同，一些量子计算机将原子作为物质波进行处理，其速度限制取决于在这些物质波中信息的转换速度。因为粒子的能量永远不可能被准确地发现，所以实验取平均值，一个量子位能够被处理的最快速度取决于其能量的不确定性，而更高的能量不确定性将导致速度极限更快到来。但在量子物理学中，如果能量的不确定性高到足以达到原子的平均能量，物质就会停止加速，速度极限保持在平均能量。所以，即使是量子计算机，速度也不是无限快的。这些研究成果对于理解量子计算机的最终性能和相关的量子技术具有重要意义。

素养园地　学无止境、砥砺前行

通过量子计算机也有速度极限的介绍，我们了解到世间万事没有一劳永逸的，学习、科研、生活均是如此，任何成功都需要一直坚持、不断努力。

1.6.3　未来可期

当前，包括量子芯片在内的量子计算技术仍处于早期研发阶段，离实际应用还有很长的路要走。但是，科学家们对量子科技发展充满信心。

孙汉涛说："国际公认的量子计算发展路线分为三步：第一步是实现量子计算优越性，这一目标中国、美国等国家已达到；第二步是实现专用的量子模拟机；第三步是在实现量子纠错的基础上，构建可编程通用量子计算机。"

目前，研究人员正在努力实现量子计算的第二个目标，已经取得一系列进展。例如，中国科大研究团队构建的超冷原子量子模拟器"天元"，以超越经典计算机的模拟能力首次验证了该体系中的反铁磁相变。

2024 年 9 月，安徽省气象局、中国电信股份有限公司安徽分公司、中电信量子集团签署战略合作协议，三方未来将持续发挥各自资源优势，共同协助安徽气象局构建全国领先的气象信息基础设施算力基座，提升其在信息服务、数据创新应用、数据安全、防灾减灾等方面的工作质效。

在孙汉涛看来，此次签约意味着量子计算在气象预测领域的应用迈出重要一步，将开创降雨精准预测新范式。未来，量子科技有望改善灾害预警系统，助力人类更好应对天气变化，减少经济损失。

"经典计算机在开发数值天气和气候预测模型时存在局限性，'天衍'量子计算云平台为算法训练提供相关计算资源支撑，可以帮助气象工程师、环境科学家等专业人员获得更及时、精准的数据。”

未来5年里，量子计算有可能在一些实际应用场景里体现出真正优越性。“量子计算最有可能的应用是在化学领域，用于模拟化学分子结构、化学反应等，实现更高效、更低耗能的化学品设计。”

预计未来3~5年，研究人员可以实现数百至上千个量子比特的相干操纵，实现可扩展的量子纠错；未来10~15年，在量子纠错的基础上，有可能构建具备基本功能的通用量子计算机，探索量子计算在化学模拟、加密破解、大数据分析等方面的应用。

素养园地 科技创新、强国之本

通过了解量子计算机在国内外的发展状况可知，目前各个国家都设置了自己的量子计算机发展目标，国力竞争变成了科技竞争，鞭策我们要发奋学习、科技报国。

小结

本章主要介绍了计算机的产生与发展、计算机的前沿技术、人工智能、云计算、大数据等内容。通过本章的学习，使学生了解计算机的发展历史及发展趋势，掌握计算机前沿技术的应用及发展趋势、掌握人工智能的概念及应用、理解云计算的体系结构及其应用，理解大数据的应用场景及关键技术。通过本章基本概念的学习，学生能够针对计算机领域工程应用提出对应的计算机技术方案。

习题 1

一、单项选择题

1. ENIAC计算机的机器字长为________。

A. 32位二进制数　　B. 10位二进制数

C. 32位十进制数　　D. 10位十进制数

2. 智能计算机的组成有知识库、________、智能接口系统、应用系统。

A. 存储器　　B. 运算器

C. 问题求解和推理机　　D. 控制器

3. 第五代计算机系统要达到的目标是用________进行输入/输出。

A. 自然语言、图形、图像和文件　　B. 键盘

C. 鼠标　　D. 语音

4. 按照计算资源的划分云计算可以分为________。

A. 基础设施作为服务、平台作为服务、硬件作为服务

B. 基础设施作为服务、平台作为服务、软件作为服务

C. 存储设施作为服务、平台作为服务、软件作为服务

D. 基础设施作为服务、系统作为服务、硬件作为服务

5. 从自然界得到启发，模仿其结构和工作原理所设计的问题求解算法，如遗传算法、粒子群算法、蚁群算法等是________的应用。

A. 云计算　　B. 生物计算　　C. 智能计算　　D. 大数据

6. 下列选项中________是人工智能的主要应用领域。
   A. 问题求解、自然语言理解、医疗云
   B. 存储云、逻辑推理与定理证明、专家系统
   C. 机器学习、金融、神经网络
   D. 逻辑推理与定理证明、自然语言理解、专家系统
7. 下列选项中________是云计算的特点。
   A. 超大规模、虚拟化、按需服务　　B. 虚拟化、价格昂贵、高可靠性
   C. 按需服务、虚拟化、价格昂贵　　D. 不可扩展、按需服务、虚拟化
8. 云计算体系结构分为四层：物理资源层、资源池层、________、SOA 构建层。
   A. 硬件层　　B. 管理中间件层　　C. 操作系统层　　D. 应用软件层
9. 大数据的 5V+1C 的特征是________。
   A. 大量、多样、低速、价值、准确性、复杂
   B. 大量、结构化数据、高速、价值、准确性、复杂
   C. 大量、多样、高速、价值、准确性、复杂
   D. 大量、结构化数据、低速、价值、准确性、复杂
10. 人工智能与机器学习可以用于________。
   A. 自然语言处理、图像识别与计算机视觉、智能推荐系统
   B. 优化问题、化学模拟、密码学
   C. 数字货币、供应链管理、身份验证
   D. 云存储与云数据库、智能仓储与物流、在线教育

二、判断题

1. ENIAC 计算机计算程序是通过“外接”线路完成的。（　）

2. 人工智能是研究如何用人工的方法和技术来模仿、延伸和扩展人的智能，以实现某些“机器思维”或脑力劳动自动化的一门学科。（　）

3. 模式识别的一个例子是智能计算。（　）

4. 专家系统是一个智能计算机程序系统，其内部具有大量专家水平的某个领域的知识与经验，能够利用人类专家的知识和解决问题的方法来解决该领域的问题。（　）

5. 资源池层包括计算机、存储器、网络设施、数据库和软件等。（　）

6. 大数据在金融行业的应用中精准营销是依据客户消费习惯、地理位置、消费时间进行推荐。（　）

7. 大数据采集技术是指通过 RFID 数据、传感器数据、社交网络交互数据及移动互联网数据等方式获得各种类型的结构化、半结构化及非结构化的海量数据。（　）

8. 大数据预处理技术中的数据清理主要包含遗漏值处理、噪声数据处理和不一致数据处理。（　）

9. 大数据的数据可视化工具仅仅将数据加以组合，通过不同的展现方式提供给用户，用于发现数据之间的关联信息。（　）

10. 语义网是一种智能网络，使网络上的信息具有明确的语义，从而使计算机能够理解和处理这些信息。（　）

三、填空题

1. 云计算体现的是________、________、________的一种计算资源虚拟化、服务化的基本

思维。

2. “云计算”模式是将________推广到现实世界的各种资源，以________的形式提供，以________的形式进行资源的________、资源的________、资源的________等资源服务的新模式。

3. 智能研究也在研究人的________并将其应用于问题求解机器的设计中。

4. 生物计算是指利用计算机技术研究生命体的特征和利用生命体的特征研究计算机的________、________等技术的统称。

5. 云计算的应用有存储云、________、________、教育云。

6. 智能家居是通过________技术，用户可以远程控制家中的智能设备，如灯光、空调、安防系统等，实现家居生活的智能化和便捷化。

四、简答题

1. 人工智能计算机与传统计算机的主要差别是什么？

2. 请列举大数据的应用场景。

第2章

数据表示

引言

计算机中的信息，都是用二进制数代码表示，但这些二进制代码有多种表现形式，如数值、字符、声音、图像与图形数据等。本章分别介绍这几种信息形式在计算机中是如何用二进制代码表示的。

内容结构图

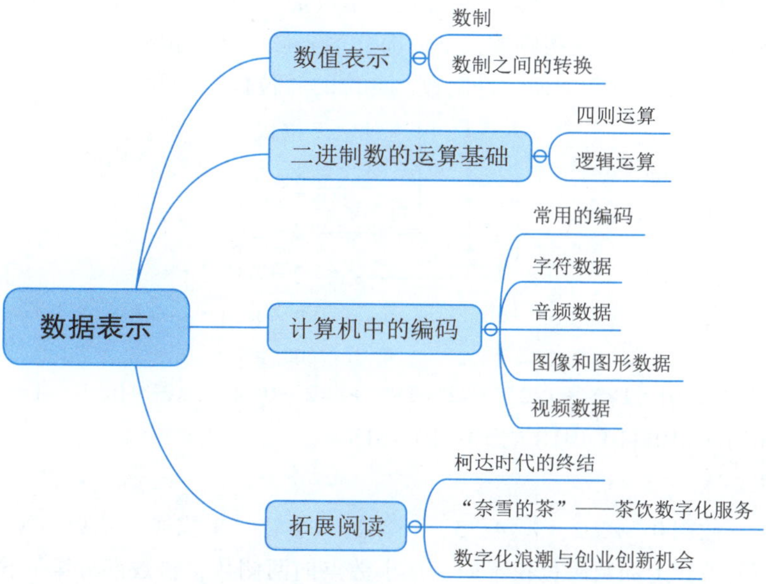

学习目标

① 了解计算机中数据表示的意义。

② 掌握计算机中的数值、字符、音频、图像和图形、音频数据的表示方法。

③ 理解数值之间的转换。

④ 理解二进制数的四则运算与逻辑运算。

素养目标

通过学习计算机二进制数据表示的基础知识，用二元思维精简日常事务，集中精力专注研究某项事情，快速取得一定效果。

2.1 数值表示

2.1.1 数制

数制也称为“计数制”，是用一组固定的符号和统一的规则来表示数值的方法。任何一个数制都包含两个基本要素：基数和位权。

1. 十进制

十进制是人们在日常生活中最熟悉的进位计数制。在十进制中，数用0、1、2、3、4、5、6、7、8、9这10个符号来描述，基数是10，计数规则是逢十进一，处于不同位置的数码位权不同。从小数点向两侧数，整数部分第 n 位的数码位权是 10^{n-1}，小数部分第 m 位的数码位权是 10^{-m}。例如：

$$168.256 = 1\times10^2+6\times10^1+8\times10^0+2\times10^{-1}+5\times10^{-2}+6\times10^{-3}$$

表示 $(168.256)_{10}$ 或 168.256D。

2. 二进制

在二进制中，数用0、1这两个符号来描述。基数是2，计数规则是逢二进一，处于不同位置的数码位权不同。从小数点向两侧数，整数部分第 n 位的数码位权是 2^{n-1}，小数部分第 m 位的数码位权是 2^{-m}。例如，对于下列二进制数，各位的“位权”分别为

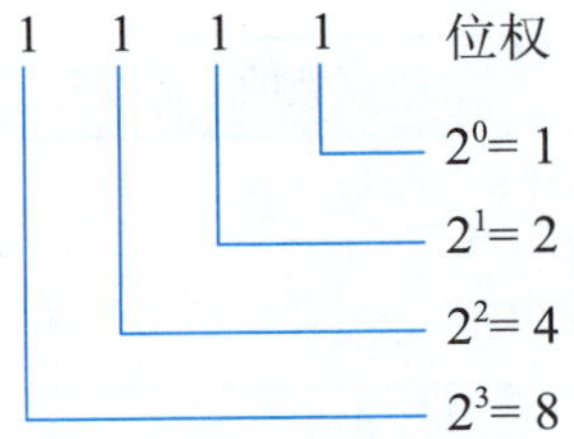

例如：

$$101110.101 = 1\times2^5+0\times2^4+1\times2^3+1\times2^2+1\times2^1+0\times2^0+1\times2^{-1}+0\times2^{-2}+1\times2^{-3}$$

表示 $(101110.101)_2$ 或 101110.101B 或 101110.101b

3. 八进制

在八进制中，数用0、1、2、3、4、5、6、7这八个符号来描述。基数是8，计数规则是逢八进一，处于不同位置上的数码位权不同。从小数点向两侧数，整数部分第 n 位的数码位权是 8^{n-1}，小数部分第 m 位的数码位权是 8^{-m}。例如：

$$(267.5)_8 = 2\times8^2+6\times8^1+7\times8^0+5\times8^{-1}$$

表示 $(267.5)_8$ 或 267.5Q 或 267.5q。

有些书的八进制后缀采用字母“O”表示，但字母“O”与数字“0”很像，容易混淆。

4. 十六进制

在十六进制中，数用0、1、2、3、4、5、6、7、8、9、A、B、C、D、E、F这16个符号来描述。基数是16，计数规则是逢十六进一，处于不同位置的数码位权不同。从小数点向两侧数，整数部分第 n 位的数码位权是 16^{n-1}，小数部分第 m 位的数码位权是 16^{-m}。例如：

$$(9D.C)_{16} = 9\times16^1+13\times16^0+12\times16^{-1}$$

表示$(9D.C)_{16}$或 9D. CH 或 9D. Ch。

有些情况下，当第一位十六进制数为 A~F（或 a~f）时，在其前面加上数字 0，如 0A6CH。

常见数制的对应关系见表 2-1。

表 2-1　常见数制的对应关系

十进制（D）	二进制（B）	八进制（Q）	十六进制（H）
0	0	0	0
1	1	1	1
2	10	2	2
3	11	3	3
4	100	4	4
5	101	5	5
6	110	6	6
7	111	7	7
8	1000	10	8
9	1001	11	9
10	1010	12	A
11	1011	13	B
12	1100	14	C
13	1101	15	D
14	1110	16	E
15	1111	17	F
16	10000	20	10

2.1.2　数制之间的转换

同一个数制可以用不同的进位制数表示，这表明不同进位制只是表示数的不同手段，它们之间可以相互转换。下面说明计算机中常用的几种进位制数之间的转换，即十进制与二进制数之间的转换、二进制与八进制或十六进制数之间的转换。

1. 十进制数与二进制数相互转换

视频

十进制数与二进制数相互转换

(1) 二进制数转换为十进制数

二进制数转换为十进制数采用权相加法，即用位权表示法展开，而后进行相加。

【例 2.1】 将二进制数 101101 转换为十进制数。

$$(101101)_2=1\times2^5+0\times2^4+1\times2^3+1\times2^2+0\times2^1+1\times2^0=32+8+4+1=45$$

所以，$(101101)_2=(45)_{10}$

(2) 十进制数转换为二进制数

① 整数部分：除基数（即 2）取余法，直到商为 0，然后将余数倒排得到二进制数。

② 小数部分：乘基数（即 2）取整法，直到乘积的小数部分为 0，或小数点后的位数达到了所需的精度，然后将积的整数部分顺排得到二进制数。

【例 2.2】 将十进制数 98.625 转换成二进制数。

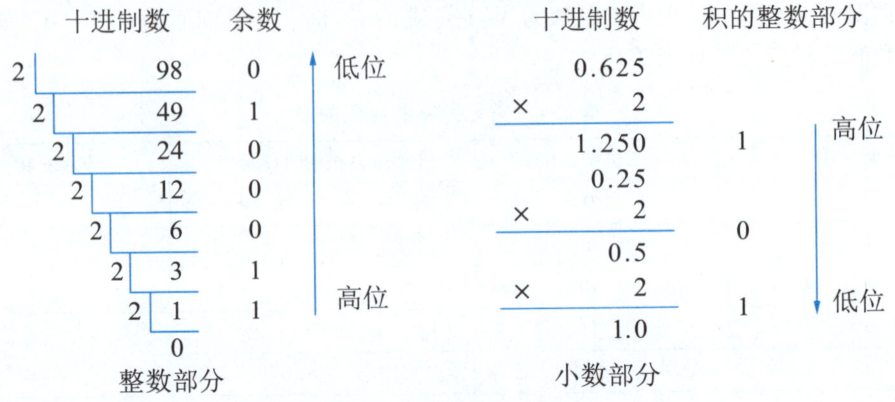

所以，$(98.625)_{10}=(1100010.101)_2$。

2. 二进制数与八进制、十六进制数相互转换

视频

二进制、八进制、十六进制数相互转换

因为 $2^3=8$，$2^4=16$，所以八进制数的 0~7 这 8 个数字可以用三位二进制数表示，十六进制数的 0~15 这 16 个数字可以用 4 位二进制数表示。

(1) 二进制数转换为八进制数

以小数点为基准：

① 整数部分：从右向左，每 3 位为一组，最左边不足 3 位时，左边加 0 补足 3 位。

② 小数部分：从左向右，每 3 位为一组，最右边不足 3 位时，右边加 0 补足 3 位。

将每组中的 3 位二进制数用 1 位八进制数表示，依序排序即可得到对应的八进制数。

【例 2.3】 将二进制数 1111011101.1011 转换为八进制数。

$$1111011101.1011 = 001\ 111\ 011\ 101\ .\ 101\ 100$$
$$= 1\quad 7\quad 3\quad 5\ .\ 5\quad 4$$

所以，$(1111011101.1011)_2=(1735.54)_8$。

(2) 二进制数转换为十六进制数

以小数点为基准：

① 整数部分：从右向左，每 4 位为一组，最左边不足 4 位时，左边加 0 补足 4 位。

② 小数部分：从左向右，每 4 位为一组，最右边不足 4 位时，右边加 0 补足 4 位。

将每组中的 4 位二进制数用 1 位十六进制数表示，依序排序即可得到对应的十六进制数。

【例 2.4】 将二进制数 101100010111100.1110101 转换为十六进制数。

$$101100010111100.1110101 = 0101\ 1000\ 1011\ 1100\ .\ 1110\ 1010$$
$$= 5\quad 8\quad B\quad C\ .\ E\quad A$$

所以，$(101100010111100.1110101)_2=(58BC.EA)_{16}$。

(3) 八进制数转换为二进制数

将每位八进制数用 3 位二进制数替换，然后依序排列即可。

【例 2.5】 将八进制数 173.54 转换为二进制数。

$$173.54 = 1\quad 7\quad 3\ .\ 5\quad 4$$
$$= 001\ 111\ 011\ .\ 101\ 100$$

所以，$(173.54)_8=(1111011.1011)_2$。

(4) 十六进制数转换为二进制数

将每位十六进制数用 4 位二进制数替换，然后依序排列即可。

【例 2.6】 将十六进制数 7A9D.BC 转换为二进制数。

$$\begin{array}{rcccccccc} 7A9D.BC = & 7 & A & 9 & D & . & B & C \\ = & 0111 & 1010 & 1001 & 1101 & . & 1011 & 1100 \end{array}$$

所以，$(7A9D.BC)_{16}=(111101010011101.101111)_2$。

提示：整数部分最前面的 0 和小数部分最后面的 0 均可以省略。

2.2 二进制数的运算基础

计算机中的二进制数基本运算有两类：一是算术运算（arithmetic operation），二是逻辑运算（logic operation）。算术运算包括加、减、乘、除等四则运算，逻辑运算包括逻辑与（逻辑乘）、逻辑或（逻辑加）、逻辑非及逻辑异或等运算，它们都是按位进行运算的，也称逻辑操作。

2.2.1 四则运算

二进制数的四则运算加、减、乘、除运算依据二进制数的特点：只有两个数字 0、1；由低位到高位“逢二进一”。

① 加法：逢二进一。

$0+0=0$，$0+1=1$，$1+0=1$，$1+1=10$

【例 2.7】 计算二进制数的加法：1101+1011。

$$\begin{array}{r} 1\ 1\ 0\ 1 \\ +\ 1\ 0\ 1\ 1 \\ \hline 1\ 1\ 0\ 0\ 0 \end{array}$$

② 减法：向高位借一当二。

$1-1=0$，$1-0=1$，$0-0=0$，$0-1=1$

【例 2.8】 计算二进制数的减法：1101-1011。

$$\begin{array}{r} 1\ 1\ 0\ 1 \\ -\ 1\ 0\ 1\ 1 \\ \hline 0\ 0\ 1\ 0 \end{array}$$

③ 乘法：同时为“1”时，结果才为“1”。

$0\times0=0$，$0\times1=0$，$1\times0=0$，$1\times1=1$

【例 2.9】 计算二进制数的乘法：1001×1010。

$$\begin{array}{r} 1\ 0\ 0\ 1 \\ \times\ 1\ 0\ 1\ 0 \\ \hline 0\ 0\ 0\ 0 \\ 1\ 0\ 0\ 1 \\ 0\ 0\ 0\ 0 \\ 1\ 0\ 0\ 1 \\ \hline 1\ 0\ 1\ 1\ 0\ 1\ 0 \end{array}$$

④ 除法：跟十进制数的除法类似，只不过结果只有 0、1。

【例 2.10】 计算二进制数的除法：100110÷110。

```
          0 0 0 1 1 0     商
        ┌─────────────
 1 1 0 /  1 0 0 1 1 0
            1 1 0
          ───────────
              1 1 1
              1 1 0
          ───────────
                1 0       余数
```

从例 2.9 和例 2.10 看出，二进制数乘法的结果可以通过逐次左移后的被乘数（或 0）相加而获得，即乘法可以由“加法”和“移位”两种操作实现。类似地，除法可以由“减法”和“移位”两种操作实现。在计算机中，就是利用这一原理实现二进制数乘法和除法，即在运算器中只需要进行加、减法及左、右移位操作便可实现四则运算。

视频

逻辑运算

2.2.2 逻辑运算

逻辑是指条件与结论之间的关系，因此逻辑运算是指对因果关系进行分析的一种运算。逻辑运算的结果并不表示数值大小，而是表示一种逻辑概念，若成立用真或 1 表示；若不成立用假或 0 表示。

常用的逻辑运算有“或”运算（逻辑加）、“与”运算（逻辑乘）、“非”运算（逻辑非）及“异或”运算（逻辑异或）等。

1. “与”运算

若决定一件事需要两个以上的条件且缺一不可，则结果与各条件的关系称为“与”。逻辑“与”又称逻辑“乘”，一般用符号“∧”或“·”表示。

“与”（AND）的规则如下：

$$0\wedge0=0 \quad 0\wedge1=0 \quad 1\wedge0=0 \quad 1\wedge1=1$$

设 x 和 y 为逻辑变量，f 表示逻辑运算结果，则逻辑“与”的运算表示为

$$f=x\wedge y \text{ 或 } f=x\cdot y$$

逻辑“与”的功能：仅当逻辑变量 x 与 y 的值均为 1 时，运算结果 f 为 1，即两个逻辑变量的取值都为“真”时，结果才为“真”；两个逻辑变量中只要有一个为“0”，逻辑“与”的运算结果就为 0（逻辑“假”）。

【例 2.11】 设 $x=8\text{FH}$，$y=56\text{H}$，求 $f=x\wedge y$。

```
     x = 1 0 0 0 1 1 1 1 B
 ∧   y = 0 1 0 1 0 1 1 0 B
─────────────────────────────
     f = 0 0 0 0 0 1 1 0 B
```

所以，$f=x\wedge y=8\text{FH}\wedge56\text{H}=06\text{H}$。

2. “或”运算

若决定一件事可以有两个以上的条件，且只要有一个条件满足时该事就可行，则结果与各条件的关系称为“或”。

逻辑“或”又称逻辑“加”，一般用符号“∨”或“+”表示。

“或”（OR）运算的规则如下：

$$0 \vee 0=0 \quad 0 \vee 1=1 \quad 1 \vee 0=1 \quad 1 \vee 1=1$$

式中，“∨”是“或”运算符号，也可用“+”代替，而逻辑运算是按位运算，因此使用“+”符号时应特别注意 1+1=1（“+”为或运算）和 1+1=10（“+”为加法运算）的区别。

设 x 和 y 为逻辑变量，f 表示逻辑运算结果，则逻辑“或”的运算表示为

$$f=x \vee y \text{ 或 } f=x+y$$

逻辑“或”的功能：当逻辑变量 x 或 y 中至少有一个为 1 时，运算结果 f 为 1，即只要有一个条件为“真”或两个为“真”，结果就为“真”。仅当两个逻辑变量均为 0 时，运算结果才为 0。

【例 2.12】 设 x=87H，y=56H，求 $f=x \vee y$。

$$\begin{array}{rl} x = & 1\ 0\ 0\ 0\ 0\ 1\ 1\ 1\ \text{B} \\ \vee \quad y = & 0\ 1\ 0\ 1\ 0\ 1\ 1\ 0\ \text{B} \\ \hline f = & 1\ 1\ 0\ 1\ 0\ 1\ 1\ 1\ \text{B} \end{array}$$

所以，$f=x \vee y$=87H ∨ 56H=D7H。

3. “非”运算

若条件与结果相反，当条件满足时结果不成立，条件不满足时结果成立，则结果与条件之间的关系称为“非”。

“非”（NOT）运算的规则如下：

$$\overline{0}=1 \quad \overline{1}=0$$

式中，“–”是“非”运算符号。

设 x 和 y 为逻辑变量，f 表示逻辑运算结果，则逻辑“非”的运算表示为

$$f=\overline{x} \quad f=\overline{y}$$

逻辑“非”的功能：当逻辑变量为 1 时，其运算结果为 0；而当逻辑变量为 0 时，其运算结果为 1。

【例 2.13】 设 x=0FH，求 $f=\overline{x}$

$$\begin{array}{rl} x = & 0\ 0\ 0\ 0\ 1\ 1\ 1\ 1\ \text{B} \\ f=\overline{x} = & 1\ 1\ 1\ 1\ 0\ 0\ 0\ 0\ \text{B} \end{array}$$

所以，$f=\overline{x}$F0H。

4. “异或”运算

如果决定一件事有两个条件，当只有一个条件满足时就可行，两个条件都满足或两个条件都不满足时不可行，则结果与各条件的关系称为“异或”。

“异或”（XOR）运算的规则如下：

$$0 \oplus 0=0 \quad 1 \oplus 0=1 \quad 0 \oplus 1=1 \quad 1 \oplus 1=0$$

式中，“⊕”是“异或”运算符号。

设 x 和 y 为逻辑变量，f 表示逻辑运算结果，则逻辑“异或”的运算表示为

$$f=x \oplus y$$

逻辑“异或”的功能：两个逻辑变量 x 和 y 的取值相同，运算结果则为 0；x 与 y 的取值不同（一个为 1，另一个为 0）时，运算结果为 1。这项功能可简记为“相同为 0，不同为 1”。

【例 2.14】 设 x=0FH，y=55H，求 $f=x \oplus y$。

$$
\begin{array}{r}
x = 0\,0\,0\,0\,1\,1\,1\,1\,\text{B} \\
\oplus \quad y = 0\,1\,0\,1\,0\,1\,0\,1\,\text{B} \\
\hline
f = 0\,1\,0\,1\,1\,0\,1\,0\,\text{B}
\end{array}
$$

所以，$f=x\oplus y=0\text{FH}\oplus 55\text{H}=5\text{AH}$。

2.3 计算机中的编码

所谓编码（code），就是用按一定规则组合而成的若干位二进制代码来表示数值数据，它是计算机中所采用的按“形”表示数的一种方法。

2.3.1 常用的编码

计算机中常用的编码有十进制编码、可靠性编码。不同的编码，其编码规则不同，具有不同的特性及应用场合。

1. 十进制编码

十进制编码是指用若干位二进制代码来表示一位十进制数，也称 BCD（binary coded decimal）码。BCD 码可分为多种，其中最常用的是 8421 码，它用 4 位权为 8421 的二进制数来表示等值的一位十进制数，其编码规则见表 2-2。

表 2-2 8421 码及其奇校验码

十进制数	8421 码	8421 奇校验码	十进制数	8421 码	8421 奇校验码
0	0000	00001	5	0101	01011
1	0001	00010	6	0110	01101
2	0010	00100	7	0111	01110
3	0011	00111	8	1000	10000
4	0100	01000	9	1001	10011

按表 2-2 中给定的规则，很容易实现十进制数与 8421 码之间的转换。

【例 2.15】 $(651)_{10}=(?)_{8421}$

$$(651)_{10}=(011001010001)_{8421}$$

【例 2.16】 $(1101.01)_2=(?)_{8421}$

$$(1101.01)_2=(13.25)_{10}=(00010011.00100101)_{8421}$$

2. 可靠性编码

在计算机中进行数据传输或存取时，免不了要出错。为了能及时发现错误，并及时检测与校正错误，采用了可靠性编码。常用的可靠性编码有格雷码（Gray code）、奇偶校验码（Parity bit）、海明码（Hamming code）和循环冗余码（CRC）等。

在格雷码中，任意两个相邻代码只有一位二进制数不同，因而当数据顺序改变时不会发生“粗大”误差，从而提高了可靠性。海明码和循环冗余码则是一种既能检测出错位又能校正出错位的可靠性代码。奇偶校验码是一种广泛采用的可靠性编码，它由若干信息位加一个校验位所组成，其中校验位的取值（0 或 1）将使整个代码中 1 的个数为奇数或偶数。若 1 的个数为奇数，则称为奇校验码；否则，称为偶校验码。表 2-2 中给出了以 8421 码为信息位所构成的奇校验码。

奇校验码具有检测一位错的能力。例如，若约定计算机中的二进制代码都是以奇校验码存入存储器，那么当从存储器取出时，若检测到某一二进制代码中 1 的个数不是奇数，则表明该代码在存取过程中出现了错误，但不知是哪一位错，故无自动校正能力。若代码在存取过程中发生了两位错，则用奇校验码就检测不出来。

2.3.2　字符数据

计算机中采用的字符主要有西文、中文及控制符号，它们都以二进制编码方式存入计算机并得以处理，这种以字母和符号进行编码的二进制代码称为字符代码（character code）。

1. 西文字符

在计算机中常用的西文字符编码有 ASCII 码（美国标准信息交换码）和 EBCDIC 码（扩展的 BCD 交换代码）。表 2-3 所示为 ASCII 码字符集。

表 2-3　ASCII 码字符集

低 4 位	高 3 位							
	000	001	010	011	100	101	110	111
0000	NUL	链路转义	space	0	@	P	`	p
0001	标题开始	设备控制 1	!	1	A	Q	a	q
0010	正文开始	设备控制 2	"	2	B	R	b	r
0011	正文结束	设备控制 3	#	3	C	S	c	s
0100	传输结束	设备控制 4	$	4	D	T	d	t
0101	请求	拒绝接收	%	5	E	U	e	u
0110	收到通知	同步空闲	&	6	F	V	f	v
0111	响铃	结束传输块	'	7	G	W	g	w
1000	退格	取消	(	8	H	X	h	x
1001	水平制表符	媒介结束	)	9	I	Y	i	y
1010	换行符	替换	*	冒号	J	Z	j	z
1011	垂直制表符	ESC	+	分号	K	[	k	{
1100	换页键	文件分隔符	,	<	L	\	l	|
1101	回车键	分组符	–	=	M	]	m	}
1110	Shift out	记录分隔符	。	>	N	^	n	~
1111	Shift in	单元分隔符	/	?	O	_	o	DEL

由表 2-3 可以写出 SIN（3.14/N）的 ASCII 码如下：

1010011　1001001　1001110　0101000　0110011　0101110

S　I　N　(　3　.

0110001　0110100　0101111　1001110　0101001

1　4　/　N　)

为书写方便，常把 ASCII 码的 7 位二进制代码写成两位十六进制数，例如“A”的 ASCII 码是 41H，“a”的 ASCII 码是 61H，“0”的 ASCII 码是 30H。

2. 中文字符

汉字编码是为汉字设计的一种便于输入计算机的代码。汉字信息处理系统一般包括编码、输入、存储、编辑、输出和传输。为了解决汉字的输入、处理及输出问题，出现了各种汉字编码方案。计算机中汉字的表示也是用二进制编码，同样是人为编码。根据应用目的的不同，汉字编码分为外码、交换码、机内码和字形码。

（1）外码（输入码）

外码也称输入码，是用来将汉字输入到计算机中的一组键盘符号。它与汉字的输入方式有关，常用的输入码有拼音码、五笔字型码、自然码、表形码、认知码、区位码和电报码等。每种输入码各有特点，如汉语拼音码是以字音为输入依据，使用方便，平均输入一个字需要击三四个键，但重码较多。五笔字型码是以字形为输入依据，将汉字分为五种字根，用专用键帽指示，易学易用，熟练后输入汉字的速度较快。一种好的编码应有编码规则简单、易学好记、操作方便、重码率低、输入速度快等优点，每个人可根据自己的需要进行选择。

（2）交换码（国标码）

计算机内部处理的信息，都是用二进制代码表示的，汉字也不例外。而二进制代码使用起来不方便，于是需要采用信息交换码，将输入的汉字转换为机内代码，以实现汉字在计算机内的存储与处理。国家标准局 1981 年制定了中华人民共和国国家标准 GB/T 2312—1980《信息交换用汉字编码字符集　基本集》，即国标码。

区位码是国标码的另一种表现形式，把国标 GB/T 2312—1980 中的汉字、图形符号组成一个 94×94 的方阵，分为 94 个“区”，每个区包含 94 个“位”，其中“区”的序号为 01～94，“位”的序号也是 01～94，“区位码”由此得名。94 个区中位置总数 = 94×94 = 8 836 个，其中 7 445 个汉字和图形字符中的每一个占一个位置后，还剩下 1 391 个空位保留备用。

区位码中的每个汉字用其所在的“区、位”号进行编码，并用两字节（1 字节有 8 个二进制位）分别表示区号和位号，每字节的最高位置“1”作为汉字标记。例如，汉字“啊”的区位码为 3021H，用两个最高位置“1”的字节表示该码时，所得机内码实际为 B0A1H，如下所示：

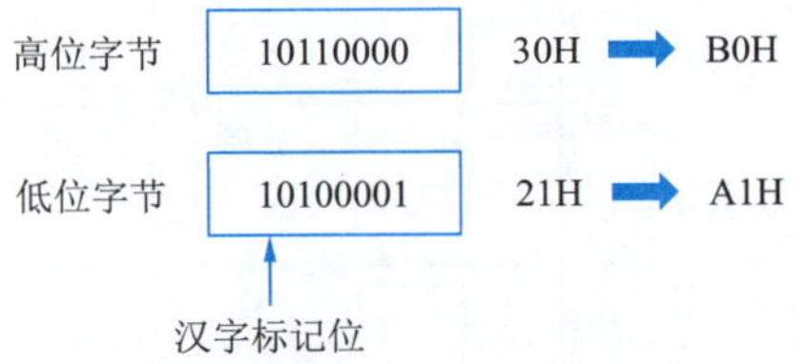

3. 字符集

① GB/T 2312—1980 字符集：收入汉字 6 763 个（共分两级，一级 3 755 个字，二级3 008 个字），符号 715 个，总计 7 478 个字符，这是普遍使用的简体字字符集。楷体-GB2312、仿宋-GB2312、华文行楷等绝大多数字体支持显示这个字符集，亦是大多数输入法所采用的字符集。

② Big-5 字符集：收入 13 060 个繁体汉字，808 个符号，总计 13 868 个字符。

③ GBK 字符集：国家标准扩展字符集兼容 GB 2312—1980 标准，包含 Big-5 的繁体字，但是不兼容 Big-5 字符集编码，收入 21 003 个汉字，882 个符号，共计 21 885 个字符。宋体、隶书、黑体、幼圆、华文中宋、华文细黑、华文楷体、标楷体（DFKai-SB）、Arial Unicode MS、

MingLiU、PMingLiU 等字体支持显示这个字符集。

④ 汉字构形数据库 2.3 版：内含楷书字形 60 082 个、小篆 11 100 个、楚系简帛文字 2 627 个、金文 3 459 个、甲骨文 177 个、异体字 12 768 组。可以安装该程序，亦可以解压后使用其中的字体文件，对于整理某些古代文献十分有用。

4. 机内码

根据国标码的规定，每一个汉字都有确定的二进制代码，在微机内部汉字代码都用机内码，在磁盘上记录汉字代码也使用机内码。

5. 汉字的字形码

汉字在显示和打印时都是以点阵方式输出，常用 16×16 点阵表示一个汉字。为此，在计算机内（或 CRT 显示器、打印机内）需要建立汉字库，该库内以图形方式存储了国标所规定的两级汉字。当需要输出汉字时，计算机便根据汉字的机内码从汉字库中取出相应的汉字点阵图形（汉字字形码），显示在 CRT 上或从打印机上打印出来。汉字库除采用 16×16 点阵外，还有压缩型的 8×16 或 16×8 点阵，以及扩展型的 32×32、48×48 和 128×128 点阵，可输出几十种字体的大小汉字。

6. 汉字地址码

汉字地址码是指汉字库中存储汉字字形信息的逻辑地址码。它与汉字内码有着简单的对应关系，以简化内码到地址码的转换。

2.3.3　音频数据

声音是一种连续的随时间变化的波，即声波。用连续波形表示的声音的信息称为模拟信息，或模拟信号。模拟信号主要由振幅和频率来描述，振幅大小反映声音的音量大小，频率的大小反映声音的音调高低。

数字化的声音数据就是音频数据。

计算机不能表示模拟信号，只能表示数字信号（0 和 1）。因此，声音在计算机内表示时需要把声波数字化，又称量化。量化的过程实际上就是以一定的频率（固定的时间间隔）对来自麦克风等设备的连续的模拟声音信号进行模数转换（ADC）得到音频数据的过程；数字化声音的播放就是将音频数据进行数模转换（DAC）变成模拟声音信号输出。量化的质量与采样频率（sampling rate）、采样大小（sampling size）及声道数有关。

采样频率即单位时间内的采样次数，采样频率越大，采样点之间的间隔越小，数字化得到的声音就越逼真，但相应的数据量增大，处理起来就越困难；采样大小即记录每次样本值大小的数值的位数，它决定采样的动态变化范围，位数越多，所能记录声音的变化程度就越细腻，所得的数据量也越大。

采样点精度是指存放每一个采样点振幅值的二进制位数。声道数是指声音通道的个数。单声道只记录和产生一个波形，而双声道产生两个波形。可见，存储一秒钟声音信息所需存储容量的字节数为

采样频率×采样精度(位数)×声道数/8

在计算机中，存储声音的文件方式很多，常用的声音文件扩展名为 .wav、.au、.voc 和 .mp3 等。当记录和播放声音文件时，需要使用音频软件，如 Windows Media 等。

2.3.4 图像和图形数据

在计算机中，图像和图形是两个完全不同的概念。图像是由扫描仪、数字照相机、摄像机等输入设备捕捉的实际场景或以数字化形式存储的任意画面，即图像是由真实的场景或现实存在的图片输入计算机产生的，图像以位图形式存储。而图形一般是指通过计算机绘制工具绘制的由直线、圆、圆弧、任意曲线等组成的画面，即图形是由计算机产生的，且以矢量形式存储。

1. 颜色表示法

颜色是人们对到达视网膜的各种频率的光的感觉。视网膜有三种颜色感光视锥细胞，负责接收不同频率的光。这些感光器分别对应于红、绿、蓝三种颜色。人眼可以觉察的其他颜色都能由这三种颜色混合而成。

在计算机中，颜色通常用 RGB（red-green-blue）值表示，说明了每种原色的相对份额。RGB 值是三个数字，每个数字用 0~255 的数字表示一种元素的份额，0 表示这种颜色没有参与，255 表示它完全参与其中。例如，RGB 值（255，255，0）最大化了红色和绿色的份额，最小化了蓝色的份额，结果生成的是嫩黄色。表 2-4 所示为不同的 RGB 取值和它们表示的颜色。

表 2-4　不同的 RGB 取值对应的颜色

RGB 值			表示颜色
红色	绿色	蓝色	
0	0	0	黑色
255	255	255	白色
255	255	0	黄色
255	130	255	粉色
146	81	0	棕色
157	95	82	紫色
140	0	0	栗色

2. 数字化图像和图形

① 位图图像（bitmap）：亦称为点阵图像或栅格图像，是由称作像素（pixel，图片元素）的单个点组成的。这些点可以进行不同的排列和染色以构成图样。当放大位图时，可以看见赖以构成整个图像的无数单个方块。扩大位图尺寸的效果是增大单个像素，从而使线条和形状显得参差不齐。然而，如果从稍远的位置观看它，位图图像的颜色和形状又显得是连续的。用数码照相机拍摄的照片、扫描仪扫描的图片以及计算机截屏图等都属于位图。位图的特点是可以表现色彩的变化和颜色的细微过渡，产生逼真的效果，缺点是在保存时需要记录每一个像素的位置和颜色值，占用较大的存储空间。

一幅图像可认为是由若干行和若干列的像素组成的阵列，每个像素点用若干二进制位进行编码，表示图像的颜色，这就是图像的数字化。描述图像的主要属性是图像分辨率和颜色深度。图像分辨率是指图像的水平方向和垂直方向的像素个数。颜色深度是指每一个像素点表示颜色的二进制位数。例如，单色图像的颜色深度为 1；256 色图像的颜色深度为 8；真彩色图像

的颜色深度为 24。存储一幅图像所需的存储容量的字节数为

图像分辨率×颜色深度/8

位图图像文件的扩展名为 .bmp、.pcx、.tif、.jpg 和 .gif。因为位图文件用一系列的二进制位来表示像素，因此可以用位图处理软件 Photoshop（同时也包含矢量功能）、Painter 和 Windows 操作系统自带的画图工具等修改或编辑单个像素。

② 矢量图形：由一串可重构图形的指令构成。在创建矢量图形时，可以用不同的颜色来画线和图形。然后，计算机用这一串线条和图形转换为能重构图形的指令。计算机只存储这些指令，而不是真正的图形，所以矢量图形看起来没有位图图像真实。矢量图形的存储依赖于图形的复杂性，图形中的线条、图形、填充模式越多，所需要的存储空间越大。

矢量图形文件的扩展名为 .wmf、.dxf、.mgx 和 .cgm。常用的矢量图形软件包有 Micrographx Designer 和 CorelDRAW。

矢量图形与位图图像相比，有以下优点：矢量图形占用的存储空间小；使用矢量图形软件；可以方便地修改图形；可以把矢量图形的一部分当作一个独立的对象，单独地加以拉伸、缩小、移动和删除。

2.3.5 视频数据

视频数据是指连续的图像序列，其实质是由一组组连续的图像构成的，而对于图像本身而言，除了其出现的先后顺序而外，没有任何结构信息。

视频数据可用故事单元、场景、镜头、帧来描述。

1. 帧

帧（frame）是组成视频的最小视觉单位，是一幅静态的图像。将时间上连续的帧序列合成到一起便形成动态视频。对于帧的描述可以采用图像的描述方法，因此，对帧的检索可以采用类似图像的检索方法来进行。

2. 镜头

镜头（shot）是由一系列帧组成的，它描绘的是一个事件或一组摄像机的连续运动。在拍摄视频时，根据剧情的需要，一个镜头可以采用多种摄像机运动方式进行处理。由于摄像机操作而引起的镜头运动主要有摇镜头、推拉镜头、跟踪等几种形式。

3. 场景

场景（scene）由一系列有相似性质的镜头组成，这些镜头针对的是同一环境下的同一批对象，但每个镜头的拍摄角度和拍摄方法不同。场景具有一定的语义，从叙事的观点来看，场景是在相同的地点拍摄的，因而具有相同的主题内容。

4. 故事单元

故事单元（story unit）也称视频幕，是将多个场景进行组织，共同构成一个有意义的故事情节。如果把帧、镜头和场景分别对应文本信息中的字、词和句子，那么故事单元就好比文本信息中的段落。

计算机中的视频数据一般分为两类：

① 动画：其每一幅画面都是通过一些工具软件对图像素材进行编辑制作而成。它是用人工合成的方法对真实世界的一种模拟。

② 视频：对视频信号源（如电视机、摄像机等）经过采样和量化处理后保存下来的信息。

视频影像是对真实世界的记录。

视频的数字化是指在一段时间内，以一定的速度对视频信号进行捕获，并加以采样后形成数字化数据的处理过程。各种制式的普通电视信号都是模拟信号，而计算机只能处理数字信号，因此必须将模拟信号的视频转化为数字信号的视频。视频由一系列帧组成，每帧是一幅静止的图像，可用位图文件形式表示。但视频每秒至少显示 30 帧，所以视频需要非常大的存储空间。

一幅全屏的、分辨率为 640×480 像素的 256 色图像有 307 200 个图像。因此，一秒视频需要的存储空间是 9 216 000 B，大约 9 MB。两小时的电影需要 66 355 200 000 B，超过 66 GB，所以视频数据需要一些特殊的编码技术来产生兆字节数量级的视频文件。

视频文件的扩展名为 . avi、. mpg。常用的视频文件软件包有 Micrograhpx Designer 和 CorelDRAW 等。

2.4 拓展阅读

2.4.1 柯达时代的终结

诞生于 1879 年的柯达公司，当年在照相机领域的地位，比苹果手机在智能手机领域的地位，有过之而无不及。在整个 20 世纪，柯达公司在世界摄影器材与胶卷市场，尽管挑战者众多，但是无一胜出。1999 年，柯达全年销售额为 141 亿美元，市值 300 亿美元，全球拥有超过 14 万名员工，拥有 1 万项专利技术。但经历了 100 多年的风光，柯达这个拥有 131 年历史的老牌摄影器材企业，于 2012 年 1 月 19 日提交了破产保护申请。柯达的股价也从 1997 年开始，一路暴跌，截至 2019 年 7 月，柯达的市值仅为 1 亿美元，同巅峰时期的 300 亿美元相比，跌去了 99.6%。

柯达发展大事记：

1888 年，柯达公司发明了史上第一台小型照相机，从此改变了摄影的方式。

1929 年，推出第一盘为有声电影设计的彩色胶片。

1930 年，柯达占世界摄影器材市场 75% 的份额，利润占这一市场的 90%。

1969 年，阿姆斯特朗登月时用柯达立体摄像机拍下“人类一大步”。同年，柯达因开发供电视使用的快速彩色胶片冲洗而获艾美奖。

1986 年，设计制造了全球第一部 140 万像素影像感应器，该技术被美国航天局用于探索火星。

1991 年，柯达有了 130 万像素的数码照相机。

1997 年，柯达股票达到峰值 92 美元，公司市值 310 亿美元。

2003 年 9 月 26 日，柯达宣布实施一项重大的战略性转变：放弃传统的胶卷业务重心向新兴的数字产品转移。2004 年，柯达宣布裁员 20%。

2007 年 12 月，柯达实施第二次战略重组，由于 2008 年金融危机，重组效果不佳。

2009 年，柯达继续实施战略重组，裁员幅度高达 50%。

2012 年 1 月 19 日，柯达公司宣布申请破产保护。

2020 年后，柯达开始更多地专注于提供数字印刷、触摸屏和打印机业务。

柯达的破产，表面原因源于其他照相机制造商的竞争压力，其根本原因是，在面临转折的关头，依然固守胶卷业务，不去发展数字业务，就此错过转型的最佳时机。早在 1975 年柯达的工程师史蒂夫·萨松就开发出了世界上第一台数码照相机，它是以磁带作为存储介质，尽管这台照相机体型大、拍照时间长、画质感也差，但它的出现彻底颠覆了之前摄影的物理本质。然而，当时柯达的管理层却反对继续投资此项技术，因为数字成像技术的发展必然意味着柯达将丧失胶卷业务带来的丰厚利润。短浅的目光让柯达错过了从胶卷时代向数码时代转型的最好时机，直到 2003 年末，柯达才提出“全力进军数码领域”的战略。第二年，柯达推出了六款姗姗来迟的数码照相机，但利润率仅 1%，质量相比佳能、尼康、索尼等其他厂商也有着不小差距。

素养园地　吐故纳新、不破不立

柯达为了保全其胶卷业务，错失了数码领域，是造成其破产的主要原因。“不破不立，破而后立”是事物发展的必然规律。勇敢地跳出“舒适圈”，才能变得更为强大，才能遇见更好的自己。

2.4.2　“奈雪的茶”——茶饮数字化服务

奈雪的茶，创立于 2015 年，总部位于广东省深圳市，创新打造“茶 + 软欧包”的形式，以 20~35 岁年轻女性为主要客群。2019 年 7 月 2 日，奈雪的茶入选“中国茶饮十大品牌”，于 2021 年 6 月 30 日在港交所上市。

2018 年夏，奈雪推出 88 元/杯的霸气猫山王、58 元/杯的霸气两斤山竹和 48 元/杯的霸气榴梿王。2019 年，霸气山竹价格上涨 10 元，变为 68 元。虽然奈雪的茶霸气杯是限量销售，不属于大众消费，但是奈雪茶的产品价格普遍在 20 元以上，属于高端市场，撑起奈雪的茶高端市场的正是科技化、数字化。

奈雪的茶创始人认为，对奈雪而言，数字化是与生俱来的，没有数字化才不可想象。奈雪通过推广自研数字运营系统，进行数字化门店管理，实现原材料自动订货补货、员工自动排班、优化操作设计、优化茶饮制作标准流程等精细化运营措施，大幅降低了操作难度和运营成本。值得一提的是，奈雪数字化不仅在点单、支付等运营端，而且向后台逐步延伸，如从客户端、供应链、品牌营销到 OA 办公、财务系统、人力资源管理等。在供应链侧，奈雪坚持上游供应链优势的打造，通过应用数字化管理调控及溯源，保证稳定优质的原料供应。

素养园地　另辟蹊径、勇往直前

在茶饮品牌扎堆的广东，“奈雪的茶”能够破局突围，源于其快速的数字化转型。于个人而言，要给自己成长和奋斗的空间，不断增强切换赛道的勇气和能力。

2.4.3　数字化浪潮与创业创新机会

2020 年 1 月 11 日，曾担任雅虎资深副总裁、微软副总裁、百度总裁兼 COO 的陆奇在上海交通大学以“数字化浪潮与创业创新机会”为题，进行了一场长达两小时的主题演讲。陆奇在演讲中指出，创业没有什么光环，创业可能会因为顺应数字化潮流的发展，所以价值会更高一些。数字化的范围本质上是物理世界和数字世界融为一体，人类有价值的场景会被彻底地数字化。数字化把人类想要解决问题的信息抽取出来，用计算的方法快速地发明新的技术能力，快速地重组资源，形成全新的产业生态。数字化驱动了由 PC 时代到人工智能时代的平台、生态、商业模式的变迁，未来数字化还将驱动人工智能时代的变革。在人工智能时代，每一个传统行业，娱乐、金融、医疗等都可以被提升，因为有数字化的能力，每一个人类的职业（如律师、医生、教师、分析师等）都可以得到本质的能力提升。数字化驱动的人工智能将处在创业的风口，AI 领域未来的创业机会有两个方向：一是智能移动，也就是无人驾驶和机器人技术；二是智能空间，如智能化医院、智能化老年公寓、智能座椅等。陆奇认为，这大概需要 40 年的时间逐步建立起来，其中蕴藏了很多的创业机会。2023 年陆奇在北京作了题为“新范式新时代新机会”的演讲，他指出，大模型技术变革给数字化产业带来了根本性的变化，OpenAI 是新时代的代表，并提出“三位一体结构演化模式”，即人、组织、社会三位，数字化一体。

素养园地 科技创新、前途光明

科技创造美好生活，每个人都是科技发展的受益者。鞭策我们要坚持科技创新、科研报国，助力实现美好生活。

小结

本章主要介绍了计算机中数据的表示，包括数制及数制间的转换、二进制数的运算、字符、音频、图形图像及视频数据的编码。通过本章的学习，使学生掌握二进制数的运算、ASCII 码、音频和视频、图形和图像的编码方法，理解计算机中各种数据的数字化表示方法。通过本章的学习，学生能够针对不同工程问题中的各类数据提出相应的解决方案。

习题 2

一、单项选择题

1. 计算机中的数值、字符、声音、图像与图形数据等都是________代码表示。

   A. 十进制　　B. 八进制　　C. 二进制　　D. 十六进制

2. 任何一个数制都包含________两个基本要素。

   A. 基数和字符　　B. 字符和位权　　C. 基数和位权　　D. 字符和数字

3. 二进制数的基数是________。

   A. 2　　B. 8　　C. 10　　D. 16

4. $(263.7)_8$ 中的 7 代表的值是________。

   A. 7　　B. 0.7　　C. 7×8　　D. 7/8

5. 二进制数转换为十进制数使用的方法是________。

   A. 除 2 取余法　　B. 位权相加法　　C. 乘 2 取整法　　D. 每三位为一组

6. 二进制数乘法的结果可以由________两种操作实现。

   A. 加法和乘法　　B. 减法和移位　　C. 减法和除法　　D. 加法和移位

7. 二进制数除法的结果可以由________两种操作实现。

   A. 加法和乘法　　B. 减法和移位　　C. 减法和除法　　D. 加法和移位

8. 逻辑“与”运算是决定一件事需要两个以上的条件满足________。

   A. 缺一不可　　B. 一个即可　　C. 两者不可　　D. 都为 0

9. 二进制数逻辑“与”运算中 $1 \wedge 1$ 的值为________。

A. 10　　B. 11　　C. 0　　D. 1

10. 二进制数逻辑"或"运算中 1∨0 的值为________。

A. 10　　B. 11　　C. 0　　D. 1

11. 二进制数逻辑"异或"运算中 56H⊕12H 的值为________。

A. 56　　B. 44H　　C. 12H　　D. 68H

12. 汉字信息处理系统一般包括________。

A. 编码、输入、存储、编辑、输出和传输

B. 编码、输入、计算、编辑、输出和传输

C. 解码、输入、存储、编辑、输出和传输

D. 解码、输入、计算、编辑、输出和传输

13. 量化的质量与________有关。

A. 采样频率、采样大小、采样点间隔　　B. 采样频率、采样大小、声道数

C. 采样频率、采样点间隔、样本值大小　　D. 样本值大小、编码、声道数

14. 常用的声音文件扩展名为________。

A. .wav　　B. .bmp　　C. .avi　　D. .tif

15. 位图图像是由称作________的单个点组成。

A. 采样点　　B. 颜色深度　　C. 像素　　D. 重构图形

二、判断题

1. 十进制数的计数规则是逢九进一。 (　　)
2. 9FH 中的 F 表示十六进制数中的数值 16。 (　　)
3. 十进制转换为二进制数整数部分采用除 2 取余法，将余数倒排。 (　　)
4. 十进制转换为二进制数小数部分采用乘 2 取整法，将余数倒排。 (　　)
5. 二进制转换为八进制数是以小数点为基准整数部分从右向左每 3 位为一组。 (　　)
6. 二进制转换为八进制数是以小数点为基准小数部分从右向左每 3 位为一组。 (　　)
7. BCD 码是指用若干二进制代码来表示一位十进制数。 (　　)
8. BCD 码是用 3 位权为 421 的二进制数来表示等值的一位十进制数。 (　　)
9. 为书写方便，常把 ASCII 码的 7 位二进制代码写成两位八进制数。 (　　)
10. 采用信息交换码，将输入的汉字转换为机内代码，以实现汉字在计算机内的存储与处理。 (　　)
11. 量化过程实际上是对声音信号进行模数转换（ADC）的过程。 (　　)
12. 数字化声音的播放就是将音频数据进行模数转换（ADC）变成模拟声音信号输出。 (　　)
13. 可以把矢量图形的一部分当作一个独立的对象，单独地加以拉伸、缩小、移动和删除。 (　　)
14. 视频是由一系列的帧组成，每帧是一幅静止的图像，可用位图文件形式表示。 (　　)
15. 动画是对真实世界的记录。 (　　)

三、填空题

1. 将十进制数 78.69 转换为二进制数（保留 3 位小数）________。
2. 将二进制数 11011.101 转换为十进制数为________。

3. 将二进制数1101111010.1101转换为八进制数是________。

4. 将二进制数1101111010.1101转换为十六进制数是________。

5. 模拟信号主要由________和频率来描述。

6. 振幅大小反映声音的音量大小，频率的大小反映声音的________。

四、简答题

1. 简述声音的模拟信号转换成数字信号的过程。

2. 分别简述图形和图像。

第3章

计算思维与常用算法

引言

随着计算机技术的发展，计算思维成为与理论思维、实验思维并肩的三种科学思维之一。本章将对计算思维的概念、应用领域、特点进行讲解；为了能用计算思维和计算机求解实际问题，还将详细介绍程序设计过程中用到的常用算法，为后续学习程序设计奠定基础。

内容结构图

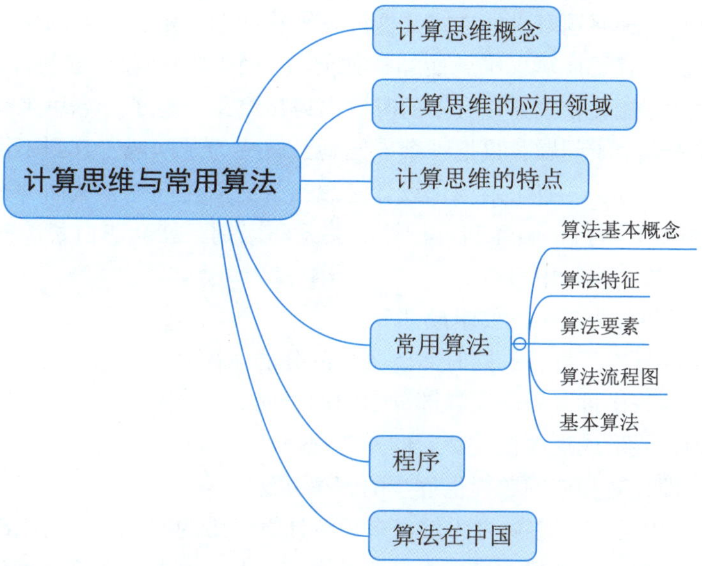

学习目标

① 了解计算思维的概念、计算思维与各学科发展的关系。
② 理解计算机语言、程序设计的本质、算法特征和要素。
③ 掌握常用算法，学会绘制算法流程图。
④ 掌握数学建模的方法，运用计算机思维解决实际问题的方法。

素养目标

凡事预则立，不预则废。在真正做一件事之前，需要有良好的规划，才能把事情真正做好。规划设计完成后，直接上手干活，提高工作效率。

3.1 计算思维概念

人类通过思考自身的计算方式，研究是否能由外部机器模拟、代替实现计算的过程，从而诞生了计算工具，并且在科技不断地进步和发展中发明了现代电子计算机。随着计算机的日益强大，它在很多应用领域中所表现出的智能也日益突出，成为人脑的延伸，对人类的学习、工作和生活产生了深远影响，同时也极大增强了人类的思维能力和认识能力。早在1972年，图灵奖得主 Edsger Di. kstra 就曾说：“我们所使用的工具影响着我们的思维方式和思维习惯，从而也深刻地影响着我们的思维能力。”计算思维就是相关学者在审视计算机科学所蕴含的思想和方法时被挖掘出来的，成为与理论思维、实验思维并肩的三种科学思维之一。

2006年3月，卡内基·梅隆大学计算机科学系主任周以真教授在美国计算机权威期刊上给出并定义了计算思维。她认为：计算思维是运用计算机科学的基础概念进行问题求解、系统设计以及人类行为理解等涵盖计算机科学之广度的一系列思维活动，是人的而不是计算机的思维方式。既然是一种思维方式，那么其应用领域就不仅仅局限于计算机领域，它可以体现在程序设计、数学建模等操作中，也在大气科学、植物科学与技术等专业中被广泛应用。计算思维已经成为更好地理解新技术、新服务和新商业模式的一项基本技能。

计算机思维就是一种问题解决的方式，这种思维将问题分解，并且利用所掌握的计算知识找出解决问题的办法。有了计算思维就能知道如何将一个问题抽象，变为让计算机可“理解”的计算模型，这种计算能够收敛并在有限的时空内得出结果。有了计算思维就能了解如何把一个大的问题分解成一个个子问题，再把一个子问题分解成为子问题，直到不需要分解，这就是自顶向下和结构化设计方法。有了结构化设计思想，就能简化问题，从而“分而治之，各个击破”。有了计算思维就会明白正确性和可行性的关系和区别，就会明白解决问题的方案不仅要在理论上正确，而且要在实际中可行。

计算机思维可以划分为四个主要组成部分：

① 解构：即把问题进行拆分，同时厘清各个部分的属性。

② 模式识别：即找出拆分后问题各部分之间的异同。

③ 抽象化：即探寻形成这些模式背后的一般规律。

④ 算法设计：即针对相似问题提供逐步的解决办法。

【案例1】 下面以甲型流感病毒为例，来了解计算思维的四个主要组成部分。

① 解构：科学家们为了解决流感病毒带来的危害，把工作拆解为几个部分：流行病学预测流感走向，控制疾病传播；病毒学主要是分离病毒，然后制造疫苗；医学主要是研究流感病毒症状、诊断和治疗。

② 模式识别：流感刚开始发生时，大家都不清楚是什么造成的。病人出现的症状有发热、咳嗽、鼻塞和肌肉酸痛等。

③ 抽象化：随着研究的深入，科学家们对这种病毒进行了定义，即抽象化——甲型流感病毒。

④ 算法设计：为了解决流感，科学家们明确具体步骤（算法），各有各的流程。以流行病学科学家举例，他们会搜集已知的信息和数据，通过计算机设计模型，预估每一个措施将给抗击流感带来怎样的影响，并根据实际产生的数据进一步修正模型，让模型预估得更精确。这就

是计算思维在科学上的重大作用。

【案例 2】 日常生活中，人们经常会应用到计算思维。假设现在需要为四人家庭做一餐晚饭，要求有汤、有素菜、有荤菜，应该怎么做?

① 解构：分析确定要做什么菜，要有肉、素、汤，列举要做什么菜，如做炖鸡汤、西红柿炒鸡蛋、爆炒羊肉、白灼菜心等，这些菜需要购买什么食材。

② 模式识别：明确几道菜的做法和规律，羊肉要爆炒，出锅很快，白灼菜心也是快手菜，炖鸡汤需要时间，小火慢炖，西红柿炒鸡蛋需要事先打好鸡蛋，时间适中，这些菜大多数都需要油、盐、葱等佐料。

③ 抽象化：为了避免菜凉，几道菜都要差不多时间出锅，所以需要将菜品制作按时间排序，抽象为排序问题。

④ 算法设计：最后列明制作菜品的一些细节，化为清晰明确的流程并执行，切鸡肉、姜→炖鸡汤→切蒜、葱、羊肉腌制→打鸡蛋、切西红柿、洗菜心等。这样，准备家庭晚餐的日常问题，就应用计算思维解决了。

3.2 计算思维的应用领域

计算思维架起了现实世界与抽象世界的桥梁，在社会的各个领域，计算思维都发挥着重要的作用。

1. 生物学

计算思维渗透到生物信息学中的应用研究，如从各种生物的 DNA 数据中挖掘 DNA 序列自身规律和 DNA 序列进化规律，可以帮助人们从分子层次上认识生命的本质及其进化规律。其中，DNA 序列实际上是一种用 4 种字母表达的“语言”。

2. 脑科学

脑科学是研究人脑结构与功能的综合性学科，它以揭示人脑高级意识功能为宗旨，与心理学、人工智能、认知科学和创造学等有着交叉渗透，是计算思维的重要体现。

3. 化学

化学中，计算思维已经深入其研究的方方面面，绘制化学结构及反应式，分析相应的属性数据、系统命名及光谱数据等，无不需要计算思维支撑。计算思维在化学中的应用包括：化学中的数值计算、数据处理、图形显示、化学中的模式识别、化学数据库及检索、化学专家系统等。

4. 经济学

计算博弈论正在改变人们的思维方式。囚徒困境是博弈论专家设计的典型示例，囚徒困境博弈模型可以用来描述企业间的价格战等诸多经济现象。

5. 艺术

计算机艺术是科学与艺术相结合的一门新兴的交叉学科，包括绘画、音乐、舞蹈、影视、广告、书法模拟、服装设计、图案设计，以及电子出版物等众多领域，均是计算思维的重要体现。

6. 工程学

工程学包括工程学电子、土木、机械、航空航天等，使用计算思维计算高阶项可以提高精度，进而降低重量、减少浪费并节省制造成本。例如，波音 777 飞机完全是采用计算机模拟测试的，不需要经过风洞测试。

7. 社会科学

计算思维为社会科学提供了新的研究方法和工具。通过图论和算法，可以研究人际关系和社会互动。利用模型和仿真技术，可以预测政策效果，优化决策。通过分析选举数据、预测选举结果，可以研究政治行为模式。

3.3 计算思维的特点

计算思维是一种思维过程，可以脱离计算机、互联网、人工智能等技术独立存在。这种思维是人的思维而不是计算机的思维，是人用计算思维来控制计算设备，从而更高效、快速地完成单纯依靠人力无法完成的任务，解决计算时代之前无法想象的问题。

计算思维的特点包括：

① 计算思维是概念化的抽象思维，而非程序思维。计算机科学不是计算机编程，像计算机科学家那样去思维意味着远不止能为计算机编程，还要求能够在抽象的多个层次上思维。

② 计算思维是人的思维，而非机器的思维。计算思维是人类求解问题的一条途径，但绝非要使人类像计算机那样思考。计算机枯燥且沉闷，人类聪颖且富有想象力。配置了计算设备，就能用自己的智慧去解决那些在计算时代之前不敢尝试的问题，实现“只有想不到，没有做不到”的境界。

③ 计算思维与数学和工程思维互补和融合。计算思维不是一门孤立的学问，也不是一门学科知识，它源于计算机科学，又和数学思维、工程思维有非常紧密的关系。说它和数学思维相关，是因为用计算思维解决问题时，需要将问题抽象为可计算的数学问题。在运用计算思维设计大型复杂系统时，需要考虑效率、可靠性、自动化等问题，这些都是工程思维中非常重要的东西。

④ 计算思维是思想，而非人造品。不只是软件硬件等人造物以物理形式到处呈现并时时刻刻触及人们的生活，更重要的是人们用以求解问题、管理日常生活、与他人交流和互动的计算概念。

⑤ 计算思维面向所有的人、所有的领域。计算思维是每个人在日常生活中都可以运用的一种思考方式，每个人都可以运用，而且几乎可以用在任何地方。例如，出行路线规划、理财投资选择、科学研究分析、天气预报预测等，不论试图解决什么问题，运用计算思维都能化繁为简。

⑥ 计算思维是一种基本技能。如同“读、写、算”一样，计算思维是每个人的基本技能。

3.4 常用算法

3.4.1 算法基本概念

为了能用计算思维和计算机求解实际问题，需要用到算法。算法（algorithm）是指解题方案准确而完整的描述，是一系列解决问题的清晰指令，其代表着用系统的方法描述解决问题的策略机制。也就是说，能够对一定规范的输入，在有限时间内获得所要求的输出。如果一个算法有缺陷，或不适合于某个问题，执行这个算法将不能解决这个问题。不同的算法可能用不同的时间、空间或效率来完成同样的任务。一个算法的优劣可以用空间复杂度与时间复杂度来衡量。

算法中的指令描述的是一种计算，当其运行时能从一个初始状态和初始输入开始，经过一系列有限而清晰定义的状态，最终产生输出并停止于一个终态。一个状态到另一个状态的转移不一定是确定的。

3.4.2　算法特征

一个算法应该具有以下五个重要的特征：

1. 有穷性（finiteness）

算法的有穷性是指算法必须能在执行有限个步骤之后终止。

2. 确切性（definiteness）

算法的每一步骤必须有确切的定义。

3. 输入项（input）

一个算法有 0 个或多个输入，以刻画运算对象的初始情况。所谓 0 个输入是指算法本身定出了初始条件。

4. 输出项（output）

一个算法有一个或多个输出，以反映对输入数据加工后的结果。没有输出的算法是毫无意义的。

5. 可行性（effectiveness）

算法中执行的任何计算步骤都是可以被分解为基本的可执行的操作步骤，即每个计算步骤都可以在有限时间内完成（也称为有效性）。

3.4.3　算法要素

1. 数据对象的运算和操作

计算机可以执行的基本操作是以指令的形式描述的。一个计算机系统能执行的所有指令的集合，称为该计算机系统的指令系统。一台计算机的基本运算和操作有如下四类：

① 算术运算：加、减、乘、除等运算。

② 逻辑运算：或、且、非等运算。

③ 关系运算：大于、小于、等于、不等于等运算。

④ 数据传输：输入、输出、赋值等运算。

2. 算法的控制结构

一个算法的功能结构不仅取决于所选用的操作，而且还与各操作之间的执行顺序有关。

3.4.4　算法流程图

用图表示的算法就是流程图。流程图是用一些图框来表示各种类型的操作，在框内写出各个步骤，然后用带箭头的线把它们连接起来，以表示执行的先后顺序。用图形表示算法直观形象、易于理解。

常用的流程图符号如下：

① 处理框：表示一般的处理功能。

② 判断框：表示对一个给定的条件进行判断，根据给定的条件是否成立决定如何执行其后的操作。它有一个入口，两个出口。

③ 输入/输出框：表示数据的输入/输出。

④ 起止框：表示流程开始或结束。

⑤ 流程线：表示流程的路径和方向。

例如：已知变量 a=2，b=3，求 a+b 的流程图如图 3-1 所示。

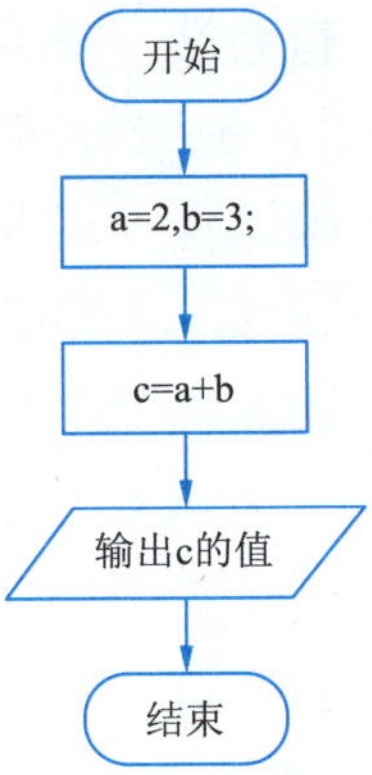

图 3-1 求 a+b 和的流程图

传统的流程图用流程线指出各框的执行顺序，对流程线的使用没有严格限制。因此，用户可以毫不受限制地使流程随意地转来转去，使流程图变得毫无规律，阅读者需要花很大精力去追踪流程，使人难以理解算法的逻辑。

为了提高算法的质量，使算法的设计和阅读方便，必须限制箭头滥用，即不允许无规律地使流程乱转向，只能按顺序进行下去。但是，算法上难免会包含一些分支和循环，不可能全部由一个个框顺序组成。为了解决这个问题，1966 年，Bohra 和 Jacoplni 提出了以下三种基本结构，作为表示一个良好算法的基本单元。

1. 顺序结构

A 和 B 两个框是顺序执行的。顺序结构是最简单的一种基本结构，流程图如图 3-2 所示。

2. 选择结构

如图 3-3 所示，根据判断框中给定的条件 P 是否成立而选择执行 A 和 B，条件 P 可以是“x>0”或“x>y”等。注意，无论 P 条件是否成立，只能执行 A 或 B 之一，不可能既执行 A 又执行 B。无论走哪一条路径，在执行完 A 或 B 之后都将脱离选择结构。A 或 B 两个框中可以有一个是空的，即不执行任何操作。

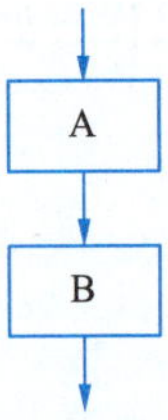

图 3-2 顺序结构流程图

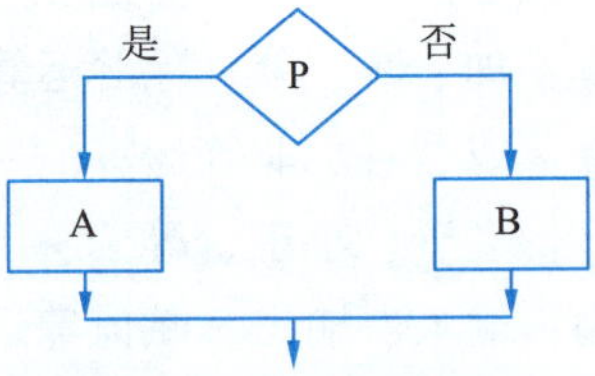

图 3-3 选择结构流程图

例如，输入变量 a、b 的值，输出其中的较大的值，流程图如图 3-4 所示。

3. 循环结构

循环结构又称重复结构，即反复执行某一部分的操作，如图 3-5 所示。

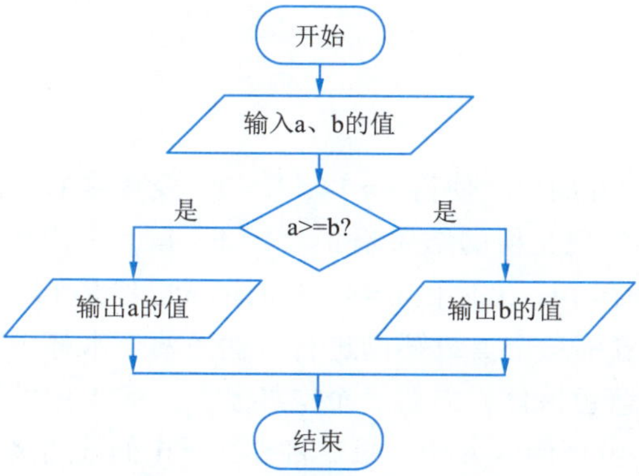

图 3-4　输出较大值的流程图

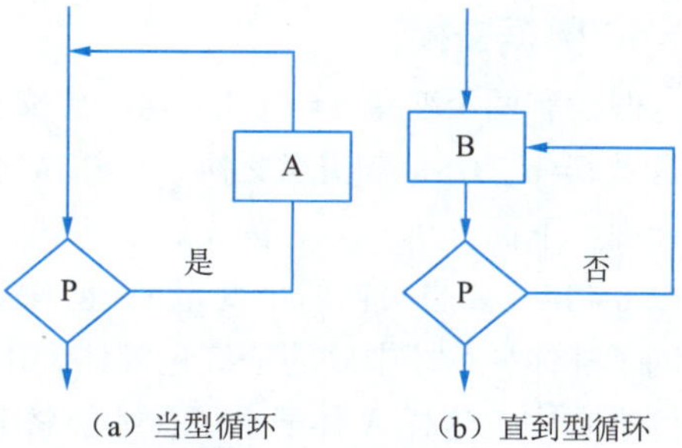

图 3-5　循环结构流程图

循环结构有下面两类：

① 当型（while）循环：当给定的条件 P 成立时，执行 A 框操作，然后再判断 P 条件是否成立。如果仍然成立，再执行 A 框，如此反复直到 P 条件不成立为止。此时不执行 A 框而脱离循环结构。

② 直到型（until）循环：先执行 A 框，然后判断给定的 P 条件是否成立。如果 P 条件不成立，则再执行 A，然后再对 P 条件进行判断。如此反复直到给定的 P 条件成立为止。此时脱离本循环结构。

两种循环结构的异同：两种循环结构都能处理需要重复执行的操作；当型循环是“先判断（条件是否成立），后执行（A 框）”，而直到型循环则是“先执行（A 框），后判断（条件）”；当型循环是当给定条件成立满足时执行 A 框，而直到型循环则是在给定条件不成立时执行 A 框。

同一个问题既可以用当型循环来处理，也可以用直到型循环来处理。对同一个问题，如果分别用当型循环结构和直到型循环结构来处理，则两者结构中的判断框内的判断条件恰为互逆条件。

例如，在屏幕上输出 10 次“hello”的当型循环流程图如图 3-6 所示，直到型循环流程图如图 3-7 所示。

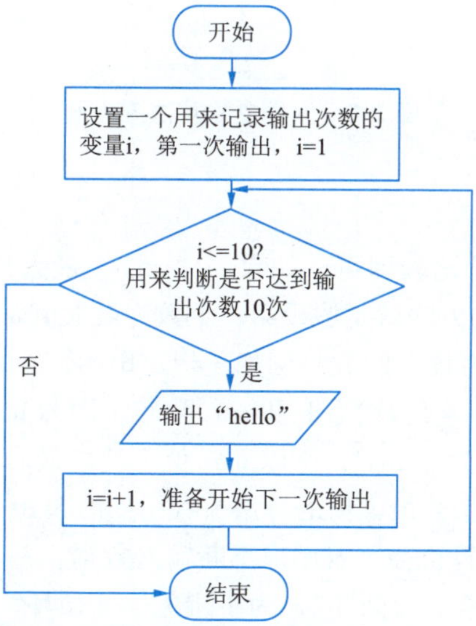

图 3-6　在屏幕上输出 10 次“Hello”的当型循环流程图

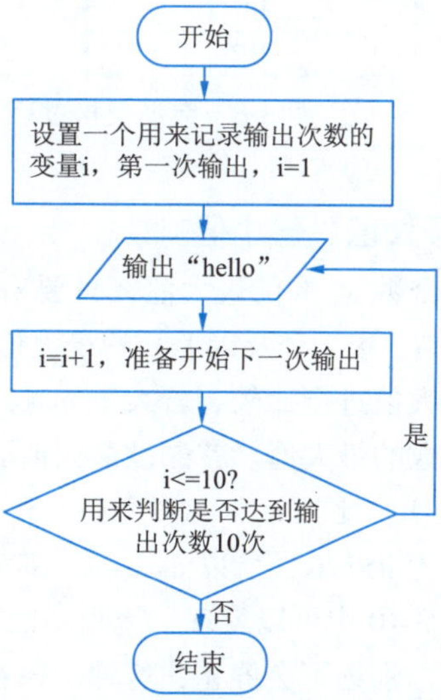

图 3-7　在屏幕上输出 10 次“Hello”的直到型循环流程图

3.4.5 基本算法

1. 数据交换

假设有两个变量 a=9，b=14，想交换变量 a 和 b 的值，使得 a=14，b=9。最直接的想法就是做 a=b，b=a 来实现交换。这样做完之后，会发现交换的结果是 a=14，b=14，为什么会这样呢？下面分析一下。首先做了 a=b，做完之后 a=14，之后做 b=a，这时的 a 已经是 14 了，所以 b=14。要想交换两个变量的值，需要通过设置第三个变量帮助进行。就像两个水杯中都盛满了液体，A 杯中放的是红色液体，B 杯中放的蓝色液体，需要一个空杯子 C，将 A 中的液体倒进 C 中，这样 A 杯子空了，才能将 B 杯子中的液体倒入 A 中，最后将 C 杯子中的液体倒入 B 杯子中。最后 A 杯子中的液体是蓝色（来自 B 杯子），B 杯子中液体是红色（来自 A）。所以引入变量 c，做 c=a；a=b；b=c。假设变量 a、b、c 存放在内存的 100、101、102 三个单元中，计算机中的交换过程如图 3-8 所示，算法流程图如图 3-9 所示。

变量名称	内存单元地址	内存单元内容
a	100	9
b	101	14
c	102	

执行c=a后

a	100	9
b	101	14
c	102	9

执行a=b后

a	100	14
b	101	14
c	102	9

执行b=c后

a	100	14
b	101	9
c	102	9

图 3-8 数据交换过程

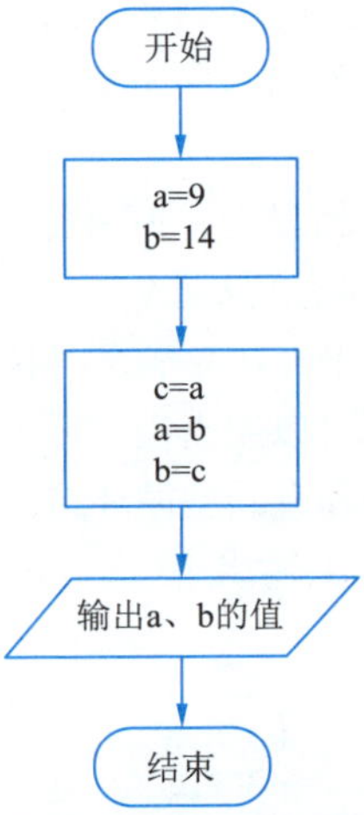

图 3-9 数据交换算法流程图

2. 最大值、最小值

求两个数 a、b 的最大值，只要对这两个数进行比较即可，如果 a 大于 b，最大值就是 a，否则就是 b。求 3 个及以上数的最大值，通常采用的方法就是假设第一个数为最大值 max，其余数据和最大值进行比较，若大于 max，修改 max 值为较大的数。例如 a=1、b=8、c=4、d=9，求这 4 个数的最大值。首先设最大值 max=a，即 max=1，然后 b 和 max 比较，因为 b>max，所以做 max=b，此时 max=8。之后 c 和 max 比较，因为 c<max，所以 max 值不变，最后 d 和 max 比较，因为 d>max，所以 max=d，即 max=9。求多个数最大值的算法流程图如图 3-10 所示。

从图 3-10 中可以发现，流程图没有结束框，计算机会等着用户不断输入数据，一直进行最大值计算，永远不会停止，这种现象在计算机中叫作“死循环”。为了避免“死循环”的出现，需要告诉计算机需要求多少个数据的最大值，利用循环来实现求多个数据的最大值。例如，求 10 个数最大值的算法流程图如图 3-11 所示。求最小值方法类似。

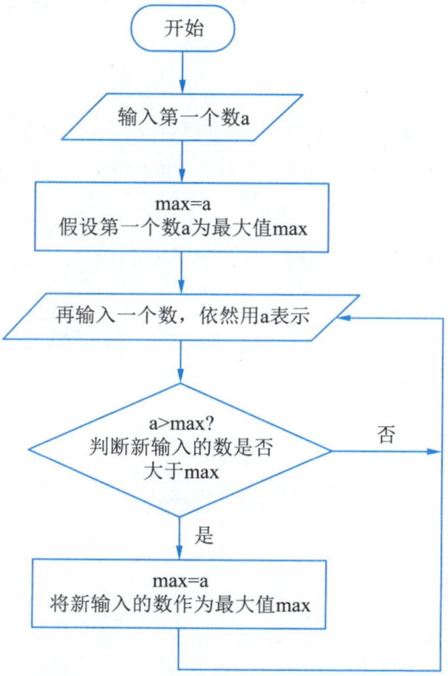

图 3-10　求最大值算法流程图

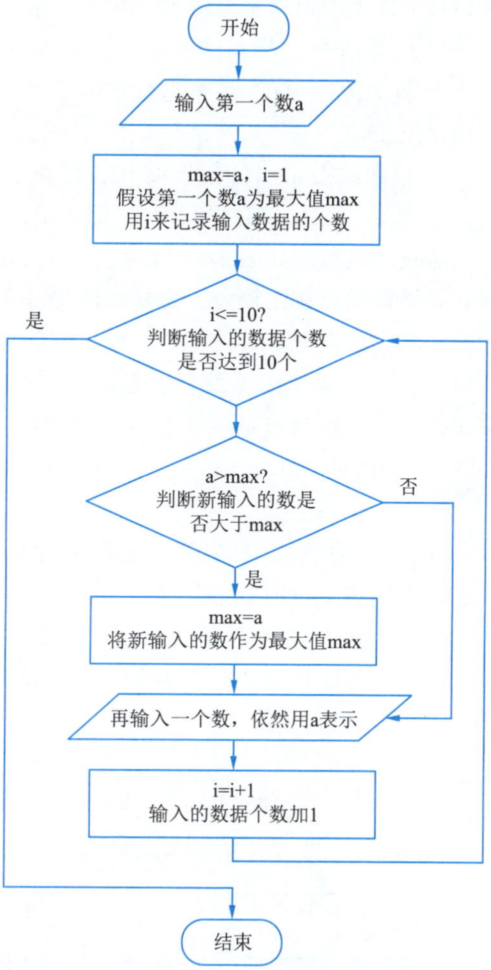

图 3-11　求 10 个数最大值算法流程图

3. 累加、累乘

首先定义一个变量 a = 0 来保存结果，另定义一个变量 b 实现数值的变化。把数值变化的变量 b 的值每次和保存结果值的变量 a 进行运算，结果赋予 a。例如，1 到 10 的累加，就是把 0 赋予 a，1 赋予 a，做 a = a+b，即 a = 0+1，此时 a 的值变为 1。之后 b 变成 2，与 a 相加，a = a+b = 1+2，此时 a 的值变为 3。之后 b 变成 3，再和 a 相加，如此反复就是累加。求 1 到 10 的累加和的算法流程图如图 3-12 所示。

累乘类似，只是 a 的值一开始应该为 1。

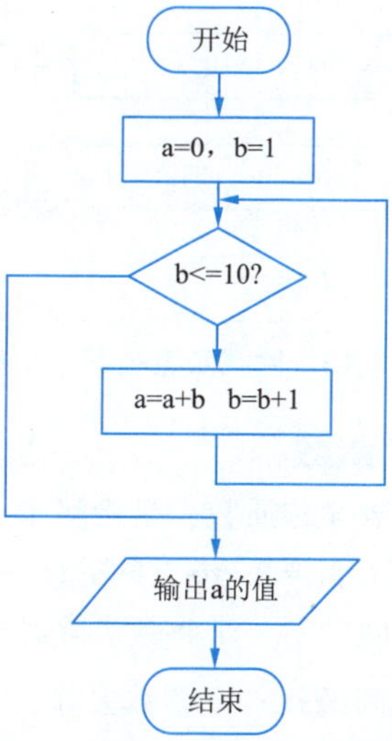

图 3-12　1 到 10 累加和算法流程图

4. 求数据每位上的值

有时需要获得数据每个位上的值，例如 234，想获得这个数百位上的值 2，十位上的值 3，个位上的值 4。获得数据每个位上的值通常有两种算法。

（1）算法一：除减法

① 将数除以 100，由整型数据的特点，小数点后被忽略，取得百位 a。例如，234/100=2，求得百位 a=2。

② 该数减去 a＊100，除以 10，得到十位 b。例如，(234−2＊100)/10=3，求得十位 b=3。

③ 该数减去 a＊100 和 b＊10 即得个位 c。例如，234−2＊100−3＊10=4，求得个位 c=4。

除减法流程图如图 3-13 所示。除减法适合数字位数比较小的，并且知道数据是几位的情况。如果数据位数比较大，需要减法操作的次数会很多，对于不知道数据位数是几位的情况，除减法就无法实现。

视频

除余法

（2）算法二：除余法

① 将数 x 除以 10 取余数得个位 a，将该数除以 10，用得到的商代替该数。例如 x=234，234%10=4，求得个位 a=4，之后做 234/10=23，用得到的商 23 代替 x，所以此时 x=23。

② 重复①得到十位 a。x=23，23%10=3，求得十位 a=3，之后做 23/10=2，用得到的商 2 代替 x，所以此时 x=2。

③ 继续重复①得到百位 a。x=2，2%10=2，求得百位 a=2，之后做 2/10=0，当商为 0 时算法结束。算法步骤如图 3-14 所示，算法流程图如图 3-15 所示。

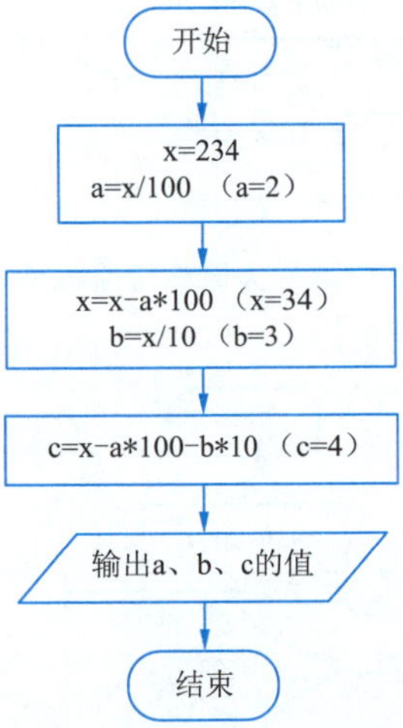

图 3-13　除减法流程图

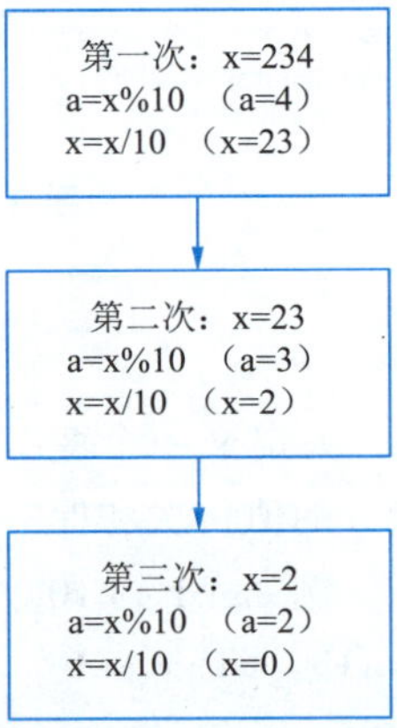

图 3-14　除余法实现过程

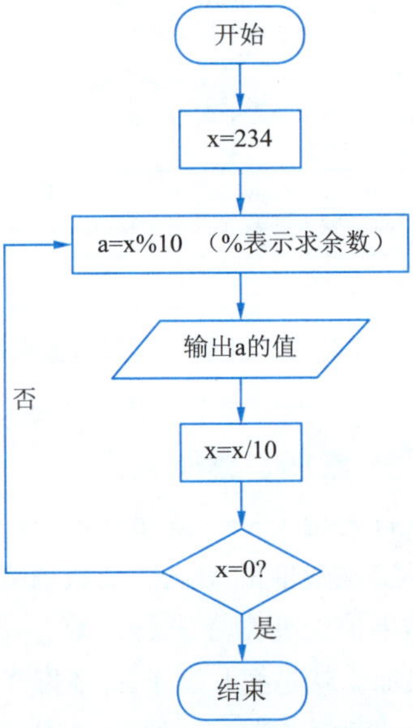

图 3-15　除余法算法流程图

5. 素数

素数又称质数，是指除了 1 和它本身以外，不能被任何整数整除的数，例如 17 就是素数，因为它不能被 2~16 之间的任一整数整除。因此，判断一个整数 m 是否是素数，只需把 m 用 2 到 $m-1$ 之间的每一个整数去除，如果都不能整除，那么 m 就是一个素数。事实上，m 不必被 2 到 $m-1$ 之间的每一个整数去除，只需被 2 到 $\sqrt{m}$ 之间的每一个整数去除即。如果 m 不能被 2 到 $\sqrt{m}$ 间任一整数整除，m 必定是素数。例如，判别 17 是否为素数，只需使 17 被 2~4（$\sqrt{17}\approx4$）之间的每一个整数去除，由于都不能整除，可以判定 17 是素数。例如，16 能被 2、4、8 整除，16=2×8，2 小于 4，8 大于 4，16=4×4，$4=\sqrt{16}$，因此只需判定在 2~4 之间有无因子即可。算法流程图如图 3-16 所示。

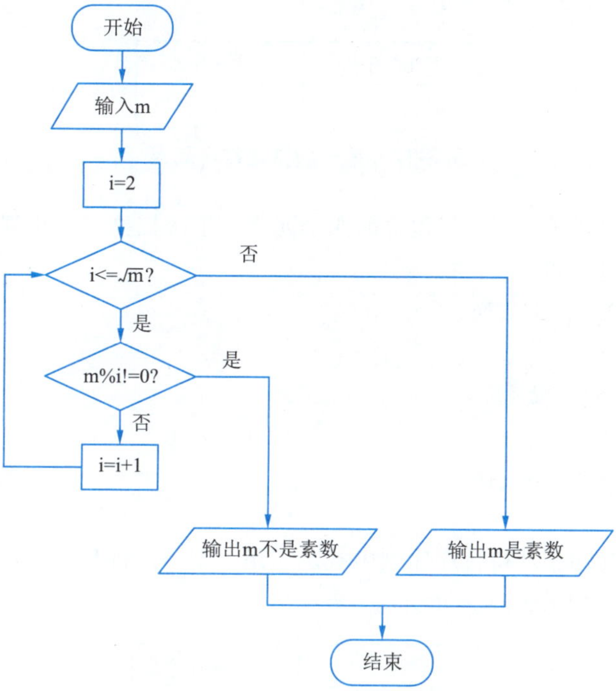

图 3-16　判断素数算法流程图

6. 排序（冒泡、选择）

（1）冒泡排序

视频
冒泡排序

冒泡排序算法是把较小的数据往前调或者把较大的数据往后调。这种方法主要是通过对相邻两个数据进行大小比较，根据比较结果和算法规则对这两个数据的位置进行交换，这样逐个依次进行比较和交换，就能达到排序目的。冒泡排序的基本思想是，首先将第一个和第二个数据比较大小，如果是逆序的，就将这两个数据进行交换，再对第二个和第三个数据进行比较，依此类推，重复进行上述计算，直至完成第（n-1）个和第 n 个数据之间的比较，此后，再按照上述过程进行第二次、第三次排序，直至整个序列有序为止。

【例 3. 1】 数据的原始序列为 5、2、4、1、8，将数据由小到大排序。

第一趟排序：将整个序列中的元素都位于待排序序列，依次扫描每对相邻的元素，并将顺序不正确的元素对交换位置。过程如下：

① 5 和 2 比较，5>2，交换。

结果：2、5、4、1、8。

② 5 和 4 比较，5>4，交换。

结果：2、4、5、1、8。

③ 5 和 1 比较，5>1，交换。

结果：2、4、1、5、8。

④ 5 和 8 比较，5<8，不交换。

结果：2、4、1、5、8。

经过第一趟冒泡排序，从待排序序列中找出了最大数 8，将其放到待排序序列的尾部，并入已排序序列中，结果如图 3-17 所示。

待排序序列	已排序序列
2、4、1、5	8

图 3-17　第一趟冒泡排序结果

第二趟排序：此时待排序序列只包含前四个元素，依次扫描每对相邻元素，将顺序不正确的元素对交换位置。过程如下：

① 2 和 4 比较，2<4，不交换。

结果：2、4、1、5。

② 4 和 1 比较，4>1，交换。

结果：2、1、4、5。

③ 4 和 5 比较，4<5，不交换。

结果：2、1、4、5。

经过第二趟冒泡排序，从待排序序列中找出了最大数 5，将其放到待排序序列的尾部，并入已排序序列中，结果如图 3-18 所示。

待排序序列	已排序序列
2、4、1	5、8

图 3-18　第二趟冒泡排序结果

第三趟排序：此时待排序序列只包含前三个元素，依次扫描每对相邻元素，将顺序不正确的元素对交换位置。过程如下：

① 2 和 4 比较，2<4 ，不交换。

结果：2、4、1。

② 4 和 1 比较，4>1，交换。

结果：2、1、4。

经过第三趟冒泡排序，从待排序序列中找出了最大数 4，将其放到待排序序列的尾部，并入已排序序列中，结果如图 3-19 所示。

待排序序列	已排序序列
2、1	4、5、8

图 3-19　第三趟冒泡排序结果

第四趟排序：此时待排序序列只包含前两个元素，依次扫描每对相邻元素，将顺序不正确的元素对交换位置。过程如下：

2 和 1 比较，2>1，交换。

结果：1、2。

经过第四趟冒泡排序，从待排序序列中找出了最大数 2，将其放到待排序序列的尾部，并入已排序序列中，整个冒泡排序结束，结果如图 3-20 所示。

待排序序列	已排序序列
1	2、4、5、8

图 3-20　第四趟冒泡排序结果

冒泡排序过程中，当相邻两个数据大小一致时不需要交换位置，因此冒泡排序是一种严格的稳定排序算法，它不改变序列中相同数据之间的相对位置关系。

(2) 选择排序

视频

选择排序

选择排序算法的基本思路是为每一个位置选择当前最小的元素。首先从第一个位置开始对全部元素进行选择，选出全部元素中最小的放到第一个位置，再对第二个位置进行选择，在剩余元素中选择最小的放到第二个位置即可；依此类推，重复进行“最小元素”的选择，直至完成第 $(n-1)$ 个位置的元素选择，则第 n 个位置就只剩唯一的最大元素，此时不需要再进行选择。

【例 3.2】 数据的原始序列为 2、5、4、8、1，将数据由小到大排序。

第一趟排序：依次扫描无序序列中的元素，找出最小的元素 1 同无序序列第一个元素 2 交换，结果为 1、5、4、8、2，此时产生仅含一个元素的有序序列，无序序列数据减一，结果如图 3-21 所示。

有序序列	无序序列
1	5、4、8、2

图 3-21　第一趟选择排序结果

第二趟排序：依次扫描无序序列中的元素，找出最小的元素 2 同无序序列第一个元素 5 交换，结果为 2、4、8、5，此时产生包含两个元素的有序序列，无序序列数据减一，结果如图 3-22 所示。

有序序列	无序序列
1、2	4、8、5

图 3-22　第二趟选择排序结果

第三趟排序：依次扫描无序序列中的元素，最小的元素 4 为无序序列第一个元素，无须交换，结果为 4、8、5，此时产生包含三个元素的有序序列，无序序列数据减一，结果如图 3-23 所示。

有序序列	无序序列
1、2、4	8、5

图 3-23　第三趟选择排序结果

第四趟排序：依次扫描无序序列中的元素，找出最小的元素 5 同无序序列第一个元素 8 交换，结果为5、8，此时产生包含四个元素的有序序列，无序序列数据减一，结果如图3-24所示。整个选择排序结束。

有序序列	无序序列
1、2、4、5	8

图 3-24　第四趟选择排序结果

使用选择排序时，要注意其中一个不同于冒泡法的细节。例如：序列5、8、5、3、9。第一遍选择第一个元素5会和元素3交换，那么原序列中的两个相同元素5之间的前后相对顺序就发生了改变。因此，选择排序是不稳定的排序算法，它在计算过程中会破坏稳定性。

3.5 程序

计算机程序是指一组指示计算机或其他具有信息处理能力装置每一步动作的指令，通常用某种程序设计语言编写，运行于某种目标体系结构上。

程序设计语言是用于书写计算机程序的语言。从发展历程来看，程序设计语言可以分为以下三代：

第一代：机器语言，是由二进制0、1代码指令构成，不同的CPU具有不同的指令系统。机器语言程序难编写、难修改、难维护，需要用户直接对存储空间进行分配，编程效率极低。这种语言已经逐渐被淘汰。

第二代：汇编语言，是机器指令的符号化，与机器指令存在着直接的对应关系，所以汇编语言同样存在着难学难用、容易出错、维护困难等缺点。但是，汇编语言也有自己的优点：可直接访问系统接口，汇编程序翻译成的机器语言程序的效率高。从软件工程角度来看，只有在高级语言不能满足设计要求，或不具备支持某种特定功能的技术性能（如特殊的输入/输出）时，汇编语言才被使用。

第三代：高级语言，是面向用户的、基本上独立于计算机种类和结构的语言。其最大的优点是：形式上接近于算术语言和自然语言，概念上接近于人们通常使用的概念。高级语言的一个命令可以代替几条、几十条甚至几百条汇编语言的指令。因此，高级语言易学易用，通用性强，应用广泛。高级语言种类繁多，目前常用的高级语言有C语言、C++语言、Java语言、Python语言等。

计算机程序开发是周而复始的，需要经历：编写新代码、测试、分析，从事这种工作的人员叫作程序员。

3.6 算法在中国

中国古代数学与现代计算机算法在多个层面上展现出惊人的相似性，这些相似之处不仅体现了中国古代数学的先进性，也为现代算法的发展提供了丰富的思想资源和方法论指导。以下是几个具体的相似点：

1. 算法构造性和机械化

中国古代数学强调构造性和机械化，这与现代算法的特点相符。例如，《九章算术》中的

“方程术”展示了线性方程组的消元法，其“遍乘直除”算法实质上是现代计算机科学中的初等行变换法，也称高斯消去法。这种算法化的思维方式，体现了中国古代数学对解决实际问题的重视，也启示人们在面对现代问题时，应注重方法的系统性和操作性。

2. 算法普遍性和适用性

中国古代数学的算法具有普遍意义，可以适用于多种问题。例如，“更相减损术”用于求最大公约数，其原理与现代的欧几里得算法相通。这表明中国古代数学家在算法设计上追求普适性，为人们树立了解决各类问题的典范。

3. 算法系统化和程序化

中国古代数学的算法往往以系统化和程序化的方式呈现，如《九章算术》中的算法步骤分明，体现了算法的系统化。这种系统化的思维方式，对人们今天构建复杂算法和程序具有重要的启示作用。

4. 算法抽象性

中国古代数学中的“天元术”和“四元术”等，展现了算法的抽象性。这种抽象化的算法表示方法与现代代数中的列方程法类似，体现了中国古代数学对数学概念的深入理解和广泛应用。

5. 算法证明和逻辑推理

中国古代数学家通过逻辑推理来证明算法的正确性，如刘徽在《九章算术注》中对算法进行了论证。这种严谨的科学态度和方法，对人们进行现代算法设计和验证具有重要的指导意义。

6. 中国剩余定理

中国古代数学中的“中国剩余定理”，为解决同余方程组提供了一种有效方法，这一定理在现代密码学中有着重要应用，如 RSA 加密算法。这不仅是中国古代数学对世界数学宝库的重要贡献，也是我们文化自信的体现。

7. 数学机械化

吴文俊院士开创的数学机械化领域，受到中国古代数学算法化、机械化精髓的启发，将中国古代数学的算法思想发扬光大，为现代数学和计算机科学的发展做出了重要贡献。

通过这些相似之处，可以看到中国古代数学的算法化特征对现代计算机算法有着深远的影响和启示。同时，也提醒我们要重视历史和文化传承，从中国古代数学的辉煌成就中汲取智慧和力量，培养我们的民族自信心和创新精神，为实现中华民族伟大复兴的中国梦贡献力量。

小结

本章主要介绍了算法的概念、特征、常用的基本算法、算法流程图。通过本章的学习，学生能够理解计算机算法基础知识，掌握运用计算思维解决实际问题的方法；通过对实际问题关键因素的分析，将问题抽象转化为计算机可处理的算法，获得问题的解决方案，为编写程序奠定基础。

习题 3

一、单项选择题

1. 计算机思维的四个主要组成部分中，________是把问题进行拆分，同时厘清各个部分的属性。

A. 解构　　B. 模式识别　　C. 模式归纳　　D. 算法设计

2. 计算机思维的四个主要组成部分中，________是探寻形成模式背后的一般规律。

A. 解构　　B. 模式识别　　C. 模式归纳　　D. 算法设计

3. 计算机思维的四个主要组成部分中，________是找出拆分后问题各部分之间的异同。

A. 解构　　B. 模式识别　　C. 模式归纳　　D. 算法设计

4. 计算机思维的四个主要组成部分中，________是针对相似问题提供逐步的解决办法。

A. 解构　　B. 模式识别　　C. 模式归纳　　D. 算法设计

5. 不属于算法特征的是________。

A. 有穷性　　B. 不确切性　　C. 输入项　　D. 可行性

6. 当型循环是________。

A. 先判断，后执行　　B. 先执行，后判断

7. 第三代程序设计语言是________。

A. 机器语言　　B. 汇编语言　　C. 高级语言

8. C 语言是________。

A. 机器语言　　B. 汇编语言　　C. 高级语言

9. ________是由二进制 0、1 代码指令构成。

A. 机器语言　　B. 汇编语言　　C. 高级语言

10. ________指令是机器指令的符号化，与机器指令存在着直接的对应关系。

A. 机器语言　　B. 汇编语言　　C. 高级语言

二、填空题

1. ________是运用计算机科学的基础概念进行问题求解、系统设计，以及人类行为理解等涵盖计算机科学之广度的一系列思维活动。

2. 计算机思维可以划分为四个主要组成部分：解构、模式识别、模式归纳、________。

3. ________是指解题方案准确而完整的描述，是一系列解决问题的清晰指令，算法代表着用系统的方法描述解决问题的策略机制。

4. 算法的________是指算法的每一步骤必须有确切的定义。

5. 用图表示的算法就是________。

6. 算法结构包括顺序结构、选择结构和________。

7. 数据的原始序列为 49、38、65、97、76、13、27、49，使用冒泡排序将数据由小到大排序，第一趟排序后数字序列为____。

8. 数据的原始序列为 49、38、65、97、76、13、27、49，使用选择排序将数据由小到大排序，第一趟排序后数字序列为____。

9. ________是指除了 1 和它本身以外，不能被任何整数整除的数。

10. ________是用于书写计算机程序的语言。

三、简答题

1. 什么是计算思维？
2. 计算机思维有哪些特点？
3. 什么是算法？
4. 算法有哪些特征？
5. 给出求三个数最小值的算法流程图。
6. 给出求多个数最小值的算法流程图。
7. 给出累乘的算法流程图。
8. 给出除减法的算法流程图。
9. 给出除余法的算法流程图。
10. 给出判断素数的算法流程图。

第4章 计算机系统

引言

自1946年第一台电子计算机问世以来，计算机技术在元件器件、硬件系统结构、软件系统、应用等方面，均有惊人进步，现代计算机系统小到微型计算机和个人计算机，大到巨型计算机及其网络，形态、特性多种多样，已广泛用于科学计算、事务处理和过程控制，日益深入社会各个领域，对社会的进步产生深刻影响。

计算机系统由计算机硬件和软件两部分组成。硬件包括中央处理器、存储器和外围设备等；软件是计算机的运行程序和相应的文档。本章简要介绍了冯·诺依曼体系结构及其工作原理，详细介绍了计算机硬件系统的各个组成部分，以及计算机软件系统中常见的系统软件和应用软件。

内容结构图

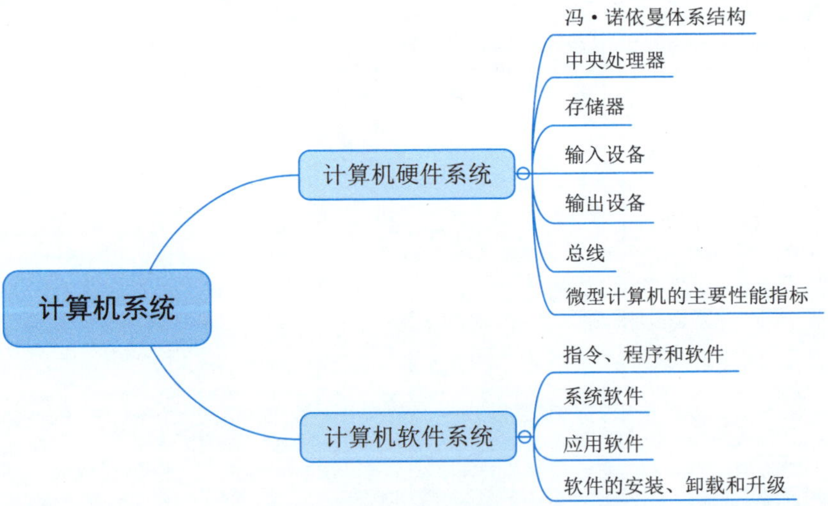

学习目标

① 理解冯·诺依曼体系结构及其工作原理。

② 了解计算机系统的组成。

③ 掌握硬件系统中各组成部分的功能，了解常见的输入/输出设备及总线的分类。

④ 了解常见的系统软件和应用软件，掌握软件的安装、卸载和升级方法。

素养目标

① 讲解计算机硬件系统被分割为多个简单可控的子模块，每个模块控制一个设备，最终把各个部分整合起来。分而治之是复杂问题解决过程的最佳选择合，而御之是最终的解决方案。

② 搭载华为鸿蒙系统的设备与日俱增，这是华为自强不息的奋斗历程。

计算机系统由硬件系统和软件系统两部分组成。计算机硬件系统是借助电、磁、光、机械等原理构成的各种物理部件的有机组合，是系统赖以工作的实体。计算机软件系统是各种程序和文件，用于指挥全系统按指定的要求进行工作。

4.1 计算机硬件系统

计算机硬件系统是指构成计算机的物理设备，即由机械、光、电、磁器件构成的具有计算、控制、存储、输入和输出功能的实体部件，主要由中央处理器、存储器、输入/输出控制系统和各种外围设备组成。例如，CPU、存储器、硬盘驱动器、主板、各种卡及整机中的主机、显示器、打印机、绘图仪、调制解调器等，整机硬件也称“硬设备”。

4.1.1 冯·诺依曼体系结构

电子计算机的问世，奠基人是英国科学家艾伦·麦席森·图灵（Alan M. Turing）和美籍匈牙利科学家冯·诺依曼（John von Neumann）。图灵的贡献是建立了图灵机的理论模型，奠定了人工智能的基础，而冯·诺依曼则首先提出了计算机体系结构的设想。

1946 年美籍匈牙利科学家冯·诺依曼提出存储程序原理，把程序本身当作数据来对待，程序和该程序处理的数据用同样的方式存储，并确定了存储程序计算机的五大组成部分和基本工作方法。冯·诺依曼体系结构如图 4-1 所示。

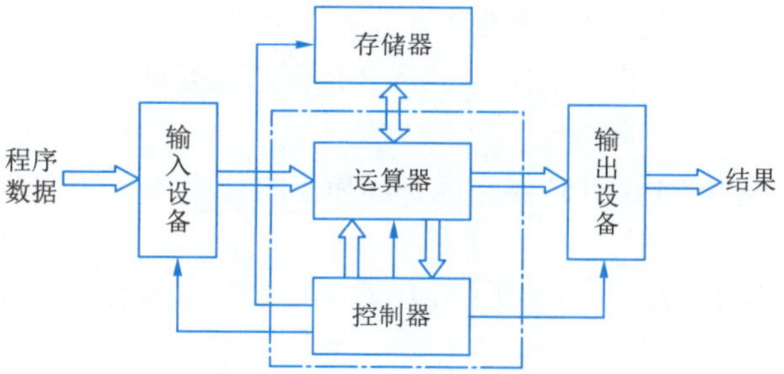

图 4-1　冯·诺依曼体系结构

一台计算机的硬件系统应由五个基本部分组成，即运算器、控制器、存储器、输入设备和输出设备。这五大部分通过系统总线完成指令所传达的操作，当计算机接收指令后，由控制器指挥，将数据从输入设备传送到存储器存放，再由控制器将需要参加运算的数据传送到运算器，由运算器进行处理，处理后的结果由输出设备输出。

冯·诺依曼结构的特点：

① 计算机处理的数据和程序一律用二进制数表示。

② 存储程序。计算机运行过程中，把要执行的程序和处理的数据首先存入主存储器（内存），计算机执行程序时，将自动地并按顺序从主存储器中取出指令逐条执行。

③ 计算机硬件由运算器、控制器、存储器、输入设备和输出设备五大部分组成。

冯·诺依曼体系结构是现代计算机的基础，奠定了现代计算机的结构理念。现在大多计算机仍是冯·诺依曼计算机的组织结构，只是做了一些改进。冯·诺依曼也因此被人们称为“计算机之父”。

冯·诺依曼体系结构计算机的工作原理可以概括为八个字：存储程序、程序控制。

① 存储程序：将解题的步骤编成程序（通常由若干指令组成），并把程序存放在计算机的主存储器中。

② 程序控制：从计算机主存中读出指令并送到计算机的控制器，控制器根据当前指令的功能，控制全机执行指令规定的操作，完成指令的功能。重复这一操作，直到程序中指令执行完毕。

4.1.2 中央处理器

中央处理器（central processing unit，CPU）是对信息进行高速运算处理的主要部件，其处理速度可达每秒几亿次以上。微型计算机的中央处理器又称为微处理器，如图 4-2 所示。

图 4-2 中央处理器

CPU 出现于大规模集成电路时代，处理器架构设计的迭代更新以及集成电路工艺的不断提升促使其不断发展完善。从最初专用于数学计算到广泛应用于通用计算，从 4 位到 8 位、16 位、32 位处理器，最后到 64 位处理器，从各厂商互不兼容到不同指令集架构规范的出现，CPU 自诞生以来一直在飞速发展。

1. CPU 的发展

CPU 发展已经有 40 多年的历史，通常将其分成六个阶段。

第一阶段（1971 年—1973 年）：这是 4 位和 8 位低档微处理器时代，代表产品是 Intel 4004 处理器。

1971 年，Intel 生产的 4004 微处理器将运算器和控制器集成在一个芯片上，标志着 CPU 的诞生。

第二阶段（1974 年—1977 年）：这是 8 位中高档微处理器时代，代表产品是 Intel 8080，此时指令系统已经比较完善。

第三阶段（1978 年—1984 年）：这是 16 位微处理器的时代，代表产品是 Intel 8086，相对而言已经比较成熟。

第四阶段（1985 年—1992 年）：这是 32 位微处理器时代，代表产品是 Intel 80386，已经可以胜任多任务、多用户的作业。

1989 年发布的 80486 处理器实现了 5 级标量流水线，标志着 CPU 的初步成熟，也标志着传统处理器发展阶段的结束。

第五阶段（1993 年—2005 年）：这是奔腾系列微处理器的时代。

1995 年 11 月，Intel 发布了 Pentium 处理器，该处理器首次采用超标量指令流水结构，引入了指令的乱序执行和分支预测技术，大大提高了处理器的性能，因此，超标量指令流水线结构一直被后续出现的现代处理器，如 AMD 的 K9、K10、Intel 的 Core 系列等所采用。

第六阶段（2006 年至今）：是酷睿系列微处理器的时代，这是一款领先节能的新型微架构，设计的出发点是提供卓然出众的性能和能效。

为了满足操作系统的上层工作需求，现代处理器进一步引入了诸如并行化、多核化、虚拟化以及远程管理系统等功能，不断推动着上层信息系统向前发展。

2. CPU 的组成

CPU 由控制器、运算器和寄存器组成，通常集成在一块芯片上，是计算机系统的核心设备。

① 控制器是控制计算机的各个部件协调一致地工作的部件，负责指令的读取、译码和执行，是计算机的神经中枢和指挥中心，对协调整个计算机有序工作极为重要。

② 运算器又称算术逻辑单元（arithmetic logic unit，ALU），主要任务是执行各种算术运算和逻辑运算。运算器的核心部件是加法器和若干个寄存器，加法器用于运算，寄存器用于存储参加运算的各种数据以及运算后的结果。

③ 寄存器是 CPU 内部的高速存储部件，用于暂存指令、数据和地址。

3. CPU 性能指标

影响 CPU 性能的指标主要有主频、字长和缓存。

① 主频也称为时钟频率，单位是 MHz 或 GHz，用来表示 CPU 的运算速度，它决定了 CPU 的性能，因此要想 CPU 的性能得到很好的提高，提高主频是一个很好的途径。

② 字长是指处理器在单位时间内能一次处理的二进制数的位数，能处理字长为 8 位数据的 CPU 通常称为 8 位 CPU。同理，32 位的 CPU 能在单位时间内处理字长为 32 位的二进制数据。通常情况下，CPU 的字长越长，其运算速度就会越快。现在 CPU 的字长一般为 32 位或者 64 位。以前人们使用的计算机都是 32 位系统，近年来人们使用的计算机的处理器中 64 位所占的比例更多，这是因为 64 位计算机的运行速度变得更快，提高了人们的工作效率。

③ 缓存（cache）是指可以进行高速数据交换的存储器，它位于 CPU 与内存之间，是一个读/写速度比内存更快的存储器。当 CPU 向内存中写入或读出数据时，这个数据也被存储进高速缓冲存储器中。当 CPU 再次需要这些数据时，CPU 就从高速缓冲存储器读取数据，而不是访问较慢的内存。如需要的数据在缓存中没有，CPU 会再去读取内存中的数据。一般来讲，CPU 的缓存可以分为一级缓存、二级缓存和三级缓存，处理能力比较强的处理器一般具有较大的三级缓存。

4.1.3　存储器

存储器是用来存储程序和各种数据信息的记忆部件，可分为主存储器和辅助存储器两大类。存储器的性能可以通过存储容量和存取周期来衡量。

存储容量是指存储器可以容纳的二进制信息量，是衡量计算机存储器存储能力的主要指标。存储容量的大小直接关系到计算机能够处理的数据量。

位/比特（bit）是内存中最小的单位，二进制数序列中的一个 0 或一个 1 就是一个比特。

字节（B）是计算机中最常用、最基本的存储单位。一个字节等于 8 个比特，即 1 B=8 bit。

在计算机中，存储容量通常以字节，但也可以根据需要采用千字节（KB）、兆字节（MB）、吉字节（GB）、太字节（TB）等更大的单位来计量。

各存储单位换算关系如：

1 KB=1 024 B=2^{10} B

1 MB=1 024 KB=2^{20} B

1 GB=1 024 MB=2^{30} B

1 TB=1 024 GB=2^{40} B

1 PB=1 024 TB=2^{50} B

存取周期是指连续启动两次独立的“读”或“写”操作（如连续的两次“读”操作）所需的最短时间。这个周期包括了寻址、数据传输以及数据验证等步骤，并且其时间长度取决于内存类型和技术。存取周期是计算机内存系统中一个关键的性能指标，它反映了存储器进行数据访问的速度和效率。存取周期越短，速度越快，计算机的整体性能就越高。

1. 主存储器

主存储器简称主存或内存。主存直接与 CPU 连接，用于存放当前正在运行的程序和数据，访问速度快。主存的质量好坏与容量大小会影响计算机的运行速度。主存中存储信息的载体称为存储体，存储体分为若干个单元。每个单元能够存放一串二进制码表示的信息，该信息的总位数称为一个存储单元的字长。指示每个单元的二进制编码称为地址码，存储单元的地址码只有一个，固定不变，而存储在其中的信息是可以更换的。图 4-3 所示为内存单元示意图。

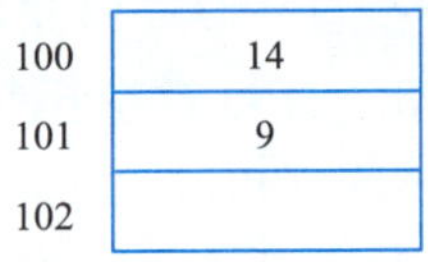

图 4-3　内存单元示意图

主存的工作方式是按存储单元的地址存放或读取各类信息，存放信息称为“写”，读取信息称为“读”，统称访问存储器。

常用的微型计算机的存储器有磁芯存储器和半导体存储器，目前微型机的主存都采用半导体存储器。半导体存储器从使用功能上分为两种：一种是随机存储器（random access memory，RAM），又称读写存储器；另一种是只读存储器（read-only memory，ROM）。

RAM 可以读出，也可以写入。读出时并不损坏原来存储的内容，只有写入时才修改原来所存储的内容。断电后，存储内容立即消失，属于易失性存储器（volatile memory）。

ROM 是只读存储器。顾名思义，其特点是只能读出原有的内容，不能由用户再写入新内容。ROM 存储的内容是厂家在生产计算机时一次性写入的，并永久保存下来。它一般用来存放专用的固定的程序和数据，不会因断电而丢失。

在微型计算机中，还有一个用来保存计算机系统配置信息的 CMOS（complementary metal oxide semiconductor，互补金属氧化物半导体）存储器，它是一种只需要极少电量就能存放数据的芯片。由于耗能极低，CMOS 主存可以由集成到主板上的一个小电池供电，这种电池在计算机通电时还能自动充电。因为 CMOS 芯片可以持续获得电量，所以即使在关机后，也能保证存储的信息不丢失。

2. 高速缓冲存储器（cache）

在计算机技术发展过程中，主存储器存取速度一直比中央处理器操作速度慢得多，使中央处理器的高速处理能力不能充分发挥，整个计算机系统的工作效率受到影响。高速缓冲存储器是计算机存储系统中一种重要的组成部分，其设计目的是解决 CPU 与主存之间速度不匹配的问题，从而提高计算机系统的整体性能。

高速缓冲存储器是位于 CPU 与主存之间的一级存储器，由静态存储芯片（SRAM）组成。它不像系统主存储器那样使用 DRAM 技术，而是采用了更昂贵但速度更快的 SRAM 技术。由于其速度远高于主存，因此可以有效地减少 CPU 访问主存的次数，提高数据访问速度。由于成本和硬件复杂性的限制，高速缓存的容量相对较小。它只能存储 CPU 频繁访问的数据和指令，以满足处理器的即时需求。

高速缓存的设计目标之一是尽量提高命中率，即 CPU 在访问数据时能够在缓存中找到所需数据的概率，高命中率可以显著减少 CPU 对主存的访问次数。当 CPU 存取主存储器某一单元时，计算机硬件就自动地将包括该单元在内的那一组单元内容调入高速缓冲存储器，CPU 即将存取的主存储器单元很可能就在刚刚调入高速缓冲存储器的那一组单元内。于是，中央处理器就可以直接对高速缓冲存储器进行存取。在整个处理过程中，如果 CPU 绝大多数存取主存储器的操作能为存取高速缓冲存储器所代替，计算机系统处理速度就能显著提高。

3. 辅助存储器

辅助存储器（简称辅存或外存），通过主存与 CPU 间接连接，存放计算机暂时不需要使用的程序和数据。辅助存储器属于非易失性存储器，即使电源供应中断，所存储的数据也不会消失。辅助存储器包括磁盘、磁带、光盘和 U 盘等，特点是容量大、价格低，但存取速度较慢。硬盘是最常用的辅助存储器，Windows 操作系统、打字软件、游戏软件等一般都安装在硬盘上，但必须把它们调入内存中运行，才能真正使用其功能。

(1) 磁表面存储器

磁表面存储器（disk）是指利用磁记录技术存储数据的存储器，是计算机主要的存储介质，可以存储大量的二进制数据，并且断电后也能保持数据不丢失。早期计算机使用的磁表面存储器是软磁盘（floppy disk，简称软盘），如今常用的磁表面存储器是硬磁盘（hard disk，简称硬盘）。

磁表面存储器利用涂覆在载体表面的磁性材料具有两种不同的磁化状态来表示二进制信息的“0”和“1”，利用一种称为磁头的装置来形成和判别磁层中的不同磁化状态。磁头实际上是由软磁材料做铁芯绕有读/写线圈的电磁铁。图 4-4 所示为磁表面存储器的结构。

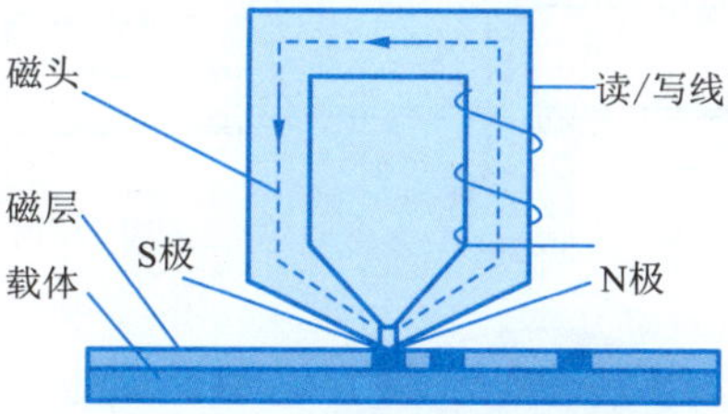

图 4-4　磁表面存储器的结构

磁表面存储器的读/写过程如下：

① 写操作：当写线圈中通过一定方向的脉冲电流时，铁芯内就产生一定方向的磁通。写入信息时，在磁头的写线圈中通过一定方向的脉冲电流，磁头铁芯内产生一定方向的磁通，在磁头缝隙处产生很强的磁场形成一个闭合回路，磁头下的一个很小区域被磁化形成一个磁化元（即记录单元）。若在磁头的写线圈中通过相反方向的脉冲电流，该磁化元则向相反方向磁化，写入的就是“0”信息。待写入脉冲消失后，该磁化元将保持原来的磁化状态不变，达到写入并存储信息的目的。

② 读操作：当磁头经过载磁体的磁化元时，由于磁头铁芯是良好的导磁材料，磁化元的磁力线很容易通过磁头而形成闭合磁通回路。不同极性的磁化元在铁芯里的方向是不同的。读出信息时，磁头和磁层作相对运动，当某一磁化元运动到磁头下方时，磁头中的磁通发生大的变化，于是在读出线圈中产生感应电动势 e，其极性与磁通变化的极性相反，即当磁通 Φ 由小变大时，感应电动势 e 为负极性；当磁通 Φ 由大变小时，感应电动势 e 为正极性。这不同方向的感应电动势经放大、检波和整形后便可鉴别读出的信息是“0”还是“1”，从而完成读出功能。

③ 通过电磁变换，利用磁头写线圈中的脉冲电流，可把一位二进制代码转换成载磁体存储元的不同剩磁状态；反之，通过磁电变换，利用磁头读出线圈，可将由存储元的不同剩磁状态表示的二进制代码转换成电信号输出。这就是磁表面存储器存取信息的原理。

④ 磁层上的存储元被磁化后，它可以供多次读出而不被破坏。当不需要这批信息时，可通过磁头把磁层上所记录的信息全部抹去，称为写“0”。通常，写入和读出是合用一个磁头，故称为读/写磁头。每个读/写磁头对应着一个信息记录磁道。

硬磁盘是计算机系统中最主要的外存设备，盘片一般由铝合金制成，其表面涂有一层可被磁化的硬磁特性材料。硬磁盘主要包含磁头、磁道、柱面、扇区，如图 4-5 所示。其中，磁头是用于向磁盘读/写信息的工具，磁盘上的一圈圈的圆周称为磁道，每圈磁道上的扇形小区域称为扇区，扇区中又存在着很多存储单元用于存储比特信息。不同盘面上的每圈磁道所组成的柱形区域称为柱面，一面磁盘上的磁道数 = 柱面数。其中，磁道的编号方式是从外到内，从 0 开始编号，即最外面的一圈为第 0 磁道，扇区的编号方式为固定标记某块为 1 号，然后顺时针编号，磁头则是决定读/写面号的结构，从 0 开始顺序编号。硬盘外部结构如图 4-6 所示。

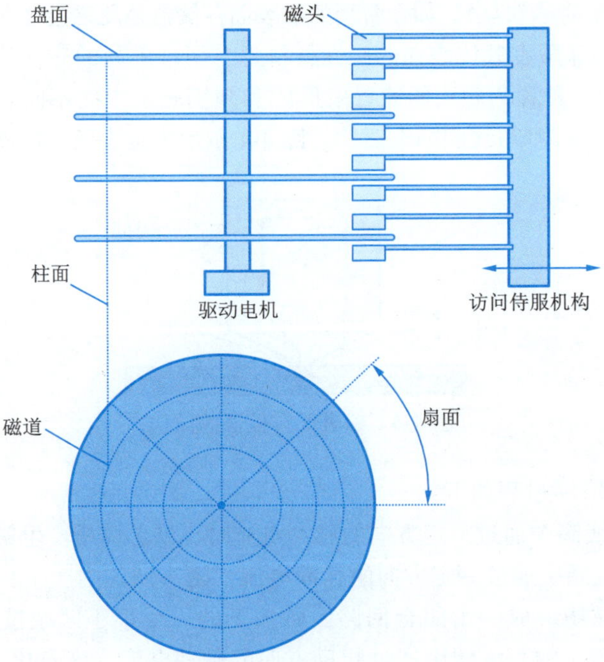

图 4-5 硬盘存储

图 4-6　硬盘外部结构

(2) U 盘

U 盘（见图 4-7）是一种使用 USB 接口的无须物理驱动器的微型高容量移动存储产品，通过 USB 接口与计算机连接实现即插即用。

图 4-7　U 盘

相较于其他可携式存储设备，U 盘有许多优点：操作速度较快（USB1.1、2.0、3.0 标准），能存储较多数据，并且性能较可靠，在读/写时断开而不会损坏硬件 Linux、Mac OS X、UNIX 与 Windows 系统皆支持 U 盘。

U 盘通常使用 ABS 塑料或金属外壳，内部含有一张小的印制电路板，只有 USB 连接头突出于保护壳外。大多数 U 盘使用标准的 Type-A USB 接头，使其可以直接插入个人计算机的 USB 端口中。

U 盘的组成很简单，主要由外壳+机芯组成，其中：

① 机芯：包括一块 PCB+USB 主控芯片+晶振+贴片电阻、电容+USB 接口+贴片 LED（不是所有的 U 盘都有）+FLASH（闪存）芯片。

② 外壳：按材料分类，有 ABS 塑料、竹木、金属、皮套、硅胶、PVC 软件等；按风格分类，有卡片、笔型、迷你、卡通、商务、仿真等；按功能分类，有加密、杀毒、防水、智能等。

4.1.4 输入设备

输入设备用来接收用户输入的原始数据和程序，并将它们转换为计算机能识别的二进制存入内存中。各种输入/输出外围设备是人机间的信息转换器，由输入/输出控制系统管理外围设备与主存储器之间的信息交换。

常用的输入设备有键盘、鼠标、扫描仪、光笔等。

计算机的输入设备按功能分为下列几类：

① 字符输入设备：如键盘。

② 光学阅读设备：如光学标记阅读器、光学字符阅读器。

③ 定位设备：如鼠标、操纵杆、触摸屏幕和触摸板、轨迹球、光笔。

④ 图像输入设备：如摄像机、扫描仪、数码照相机。

⑤ 模拟输入设备：如语音输入设备、数模转换器。

键盘（keyboard）是最常用也是最主要的输入设备，如图 4-8 所示。通过键盘可以将英文字母、数字、标点符号等输入计算机中，从而向计算机发出命令、输入数据等。键盘由一组开关矩阵组成，包括数字键、字母键、符号键、功能键及控制键等，共 105 个左右（或 101 或 104 个），分散在一定的区域内。每个按键在计算机中都有它的唯一代码，当按下某个键时，键盘接口将该键的二进制代码送给计算机的主机，并将按键字符显示在显示器上。

鼠标（mouse）是计算机的一种外接输入设备，也是计算机显示系统纵横坐标定位的指示器，如图 4-9 所示。鼠标按照原理主要分为两大类：一类为机械式鼠标；另一类为光电式鼠标。

图 4-8 键盘

图 4-9 鼠标

机械式鼠标的底座上装有一个可以滚动的金属球，当鼠标在桌面上移动时，金属球与桌面摩擦发生转动，而导致屏幕上的光标也跟着鼠标的移动而移动。市面上的机械式鼠标已经被淘汰。

光电鼠标内部有一个发光二极管，通过其发出的光线，可以照亮光电鼠标底部表面。此后，光电鼠标经底部表面反射回的一部分光线，通过一组光学透镜后，传输到一个光感应器件（微成像器）内成像。这样，当光电鼠标移动时，其移动轨迹便会被记录为一组高速拍摄的连贯图像，被光电鼠标内部的一块专用图像分析芯片（DSP，即数字微处理器）分析处理。该芯片通过对这些图像上特征点位置的变化进行分析，判断鼠标的移动方向和移动距离，从而完成光标的定位。

4.1.5 输出设备

输出设备用于将内存中计算机处理的结果转变为人们能接收的形式输出。常用的输出设备有显示器、打印机、绘图仪及语音输出设备等。

1. 显示器

显示器用来显示和控制计算机的最终输出结果，在组装计算机的过程中，显示器是一个很重要的部分，一台好的显示器不仅可以让人们有更好的视觉感受，还可以提高我们的工作效率。所以，配备一台好的计算机显示器就显得尤为重要。显示器按照不同的工作原理可分为 CRT 显示器、LCD 显示器、LED 显示器和 PDP 显示器几种。

（1）CRT 显示器

CRT 显示器是通过显像管内安装的阴极射线电子枪发射电子经过偏转线圈和高压线圈加速后撞击到荧光屏上。荧光屏上涂染了一层特殊介质，经过电子撞击后显示出图像。CRT 显示器如图 4-10 所示。

CRT 显示器的优点是图像色彩鲜艳、画面逼真且没有延时感，但缺点是体积大、重量大、耗电量高，且有较强的电磁辐射。尽管液晶显示器已经全面取代 CRT 成为计算机装机的首选，但是在一些对色彩还原要求较高的行业，如医疗、冶金等，仍需要使用 CRT 显示器进行作业。

（2）LCD 显示器

LCD 显示器是利用液晶的物理特性制造的显示器，如图 4-11 所示。

图 4-10　CRT 显示器

图 4-11　LCD 显示器

液晶的特点是通电时发光，不通电时不发光，这样就可通过发光和不发光组合在屏幕上显示出图像。LCD 显示器具有很多 CRT 显示器不具备的优越性，如没有辐射危害、屏幕不会闪烁、工作电压低、功耗小、重量轻和体积小等，但 LCD 显示器的画面颜色逼真度不及 CRT 显示器。

（3）LED 显示器

LED 显示器是一种通过控制半导体发光二极管的显示方式，用来显示文字、图形、图像、动画、行情、视频、录像信号等各种信息的显示屏幕，如图 4-12 所示。

LED 显示器集微电子技术、计算机技术、信息处理于一体，以其色彩鲜艳、动态范围广、亮度高、清晰度高、工作电压低、功耗小、寿命长、耐冲击、色彩艳丽和工作稳定可靠等优点，成为最具优势的新一代显示媒体。LED 显示器已广泛应用于大型广场、商业广告、体育场馆、信息传播、新闻发布、证券交易等，可以满足不同环境的需要。

图 4-12　LED 显示屏

（4）PDP 显示器

PDP 显示器是采用近年来高速发展的等离子平面屏幕技术的新一代显示设备，如图 4-13 所示。

图 4-13　PDP 显示器

其成像原理是在显示屏上排列上千个密封的小低压气体室，通过电流激发使其发出肉眼看不见的紫外光，然后紫外光碰击后面玻璃上的红、绿、蓝三色荧光体发出肉眼能看到的可见光，以此成像。PDP 显示器的特点是厚度薄、分辨率高、环保无辐射以及占用空间少，还可以作为家中的壁挂电视使用，代表了未来计算机显示器的发展趋势。

显示器的性能指标如下：

① 亮度：指画面的明亮程度，广义上的亮度除了包括普通的亮度因素，还包括色彩的饱和度和艳丽度，亮度的提升并不是单纯地通过显示器的亮度调节按钮加大显示器驱动电路电流的输出使屏幕发白，而是在亮度提高的同时，对比度、色彩的饱和度等也随着亮度一起提高，从而给用户展现出一个鲜明、亮丽和清晰的画面。

② 分辨率：指显像管水平方向和垂直方向所显示的像素，也是屏幕图像的精密度，通常以“长度×宽度”的形式表示，如分辨率为 800×600 像素就表示水平方向上能显示 800 个像素，垂直方向上能显示 600 个像素。分辨率越高，显示器屏幕上的像素就越多，图像就更加精细，但所得到的图像或文字就越小。

③ 点距：指屏幕上相邻两个同色像素单元之间的距离，即两个红色（或绿、蓝）像素单元之间的距离。点距的单位为 mm，以 17 英寸的 0. 28 mm 点距显示器为例，它在水平方向最多可以显示 104 个点，在垂直方向最多可显示 768 个点，因此最高分辨率为 1 024×768 像素，超过这个分辨率，屏幕上的相邻像素会互相干扰，反而使图像变得模糊不清。

④ 尺寸：指屏幕对角线长度，以英寸为单位。最大可视区域指显示器可以显示图形的最大范围，通常显示面积都会小于显像管面积。

⑤ 刷新频率：指显示器屏幕每秒刷新的速度，其单位为 Hz。刷新频率的高低对人的眼睛有很大影响，显示器的刷新频率越低，图像闪烁和抖动就越明显，眼睛越容易疲劳。使用 CRT 显示器时，为了有效地保护视力，刷新频率应设置在 75 Hz 以上。

⑥ 色彩数：指屏幕上最多显示的颜色总数，对屏幕上的每一个像素来说，256 种颜色要用 8 位二进制数表示，即 2 的 8 次方，因此 256 色图形也称为 8 位图。如果每个像素的颜色用 16 位二进制数表示，则称为 16 位图，可以表示为 2 的 16 次方，即 65 536 种颜色。PDP 显示器支持 24 位真彩色，即 2 的 24 次方等于 1 677 216 种颜色。

2. 打印机

打印机是计算机的输出设备之一，用于将计算机处理结果打印在相关介质上。常见的打印机有针式打印机、喷墨式打印机、激光打印机。

① 针式打印机是通过打印头中的 24 根针击打复写纸，从而形成字体，如图 4-14 所示。

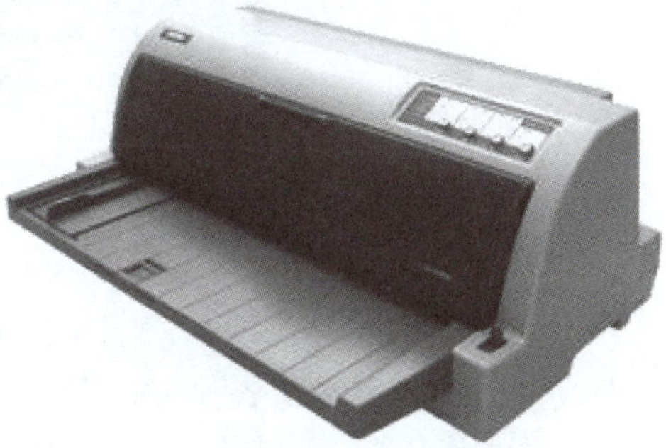

图 4-14　针式打印机

② 喷墨打印机是将彩色液体油墨经喷嘴变成细小微粒喷到印纸上，有的喷墨打印机有三个或四个打印喷头，以便打印黄、品红、青、黑四色；有的是共用一个喷头，分四色喷印。喷墨打印机如图 4-15 所示。

③ 激光打印机是将激光扫描技术和电子照相技术相结合的打印输出设备，如图 4-16 所示。

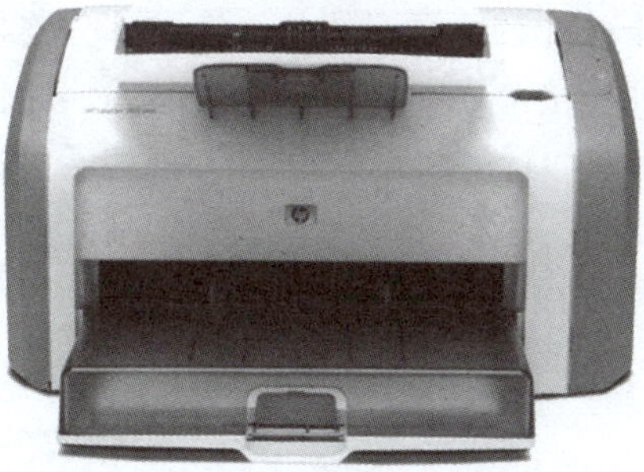

图 4-15　喷墨打印机

图 4-16　激光打印机

激光打印机有打印速度快、成像质量高等优点；但使用成本相对高昂。

打印机的性能指标如下：

① 分辨率：对输出质量有至关重要的影响，同时也是判别同类型打印机档次的主要依据。

其计算单位是 dpi（dot per inch），指打印机输出时，在每英寸介质上能打印出的点数。

② 色彩饱和度：指打印输出一个点（dot）内彩色的饱满程度。该指标直接影响打印输出时的色彩质量。

③ 打印速度：不同类型打印机的输出速度相差甚远，一般来讲，激光式打印机最快。

3. 显卡

显卡是个人计算机基础的组成部分之一，将计算机系统需要的显示信息进行转换，并向显示器提供逐行或隔行扫描信号，控制显示器的正确显示，是连接显示器和个人计算机主板的重要组件，如图 4-17 所示。

图 4-17　显卡

4.1.6　总线

总线（bus）是计算机各种功能部件之间传送信息的公共通信干线，它是由导线组成的传输线束。总线是一种内部结构，它是 CPU、内存、输入/输出设备传递信息的公用通道。主机的各个部件通过总线相连接，外围设备通过相应的接口电路再与总线相连接，从而形成了计算机硬件系统。

按照总线所传输的信息种类不同，总线可以划分为数据总线、地址总线和控制总线，分别用来传输数据、地址和控制信号。

根据总线所连接对象所在位置的不同，将总线分为片内总线、系统总线和通信总线三类。

视频　串行总线与并行总线的区别

片内总线指计算机各芯片内部传送信息的通路，如 CPU 内部寄存器之间、寄存器与 ALU 之间传送信息的通路。系统总线指将计算机系统内部的各个组成部分连接在一起的线路，如 CPU 与主存储器之间、CPU 与外设接口之间传送信息的通路。通信总线指将计算机和其他设备连接到一起的基础线路，如计算机系统和打印机、显示器、键盘和鼠标之间传送信息的通路。

根据传输数据方式的不同，将总线分为串行总线和并行总线。

4.1.7　微型计算机的主要性能指标

1. CPU 类型

CPU 类型是指微机系统所采用的 CPU 芯片型号，它决定了微机系统的档次。

2. 字长

字长是指计算机内部存储和处理数据时，能够一次性处理的数据位数（即二进制代码的位数）。字长是衡量计算机精度和运算速度的主要技术指标之一，字长越长，计算机的运算速度和精度就越高，因为它能够同时处理更多的数据位。

3. 时钟频率

时钟频率也称为时钟速率或主频，是计算机 CPU 中的一个重要概念，它指的是计算机内部时钟在特定时间内所发出的脉冲信号的数量。这些脉冲信号是计算机内部所有操作的基本时间单位，用于同步和控制计算机中的所有操作。

时钟频率通常以赫兹（Hz）为单位表示，即每秒的脉冲数。例如，一个处理器的时钟频率为 3.0 GHz，意味着它每秒能够产生 30 亿个时钟脉冲。这个数字越高，理论上处理器的速度越快，因为它能在相同的时间内执行更多的指令。

4. 运算速度

运算速度是指计算机每秒能执行的指令数，它是衡量计算机性能的一个重要指标，反映了计算机在单位时间内完成运算任务的能力，运算速度的快慢直接影响用户的使用体验和计算机的工作效率。单位为 MIPS（每秒百万条指令）、MFLOPS（每秒百万条浮点指令）。

5. 存取速度

存取速度是指存储器完成一次读或写操作所需的时间，称为存储器的存取时间或访问时间。而连续两次读或写所需要的最短时间，称为存储周期。对于半导体存储器来说，存取周期大约为几十到几百毫秒之间。它的快慢会影响到计算机的速度。

6. 内、外存储器容量

内、外存储器容量是计算机存储体系中的两个关键指标。内存容量决定了计算机的运行速度和性能，而外存容量则决定了计算机能够存储的数据量大小。随着计算机技术的不断发展，内存和外存的容量都在不断增加，以满足人们对计算机性能和数据存储的需求。

4.2 计算机软件系统

4.2.1　指令、程序和软件

指令是指示计算机执行某种操作的命令，它由一串二进制数码组成。一条指令通常由操作码和地址码两部分组成。操作码指明该指令要完成的操作的类型或性质，如取数、做加法或输出数据等。地址码指明操作对象的内容或所在的存储单元地址。指令系统是指一台计算机所能执行的全部指令的集合，决定了一台计算机硬件的主要性能和基本功能。

程序是完成既定任务的一组指令序列，一个指令规定计算机执行一个基本操作，一个程序规定计算机完成一个完整的任务。

软件是程序、数据和文档的集合，用于指导计算机完成特定任务或实现特定功能，通常被划分为系统软件和应用软件。系统软件为计算机使用提供最基本的功能，应用软件是为了某种特定的用途而被开发的软件。

4.2.2　系统软件

系统软件是指控制和协调计算机及外围设备，支持应用软件开发和运行的系统，是无须用户干预的各种程序的集合，主要功能是调度、监控和维护计算机系统；负责管理计算机系统中各种独立的硬件，使得它们可以协调工作。系统软件使得计算机用户和其他软件将计算机当作一个整体而不需要顾及底层每个硬件是如何工作的。

系统软件主要包括操作系统（operating system，OS）、数据库管理系统（database management system，DBMS）、语言处理系统、设备驱动程序、中间件等。

① 操作系统是最基本、最重要的系统软件，负责管理计算机的硬件和软件资源，如 CPU、内存、磁盘空间、外围设备等，并为用户提供一个良好的操作界面和编程接口。操作系统负责调度任务、管理资源、提供用户界面、控制输入/输出等。

② 数据库管理系统是用于创建、存储、管理、维护和检索数据库中数据的软件，它提供了定义、存储、查询、修改、删除和保护数据的各种方法。常见的数据库管理系统有 MySQL、Oracle、SQL Server、MongoDB 等。

③ 语言处理系统包括编译程序、解释程序和汇编程序等。编译程序将高级语言源程序翻译成目标程序（机器语言或低级语言），解释程序则直接执行用高级语言编写的源程序。汇编程序则用于将汇编语言源程序翻译成机器语言程序。

④ 设备驱动程序是操作系统用来与计算机中的硬件设备进行通信和控制的特殊软件。它们作为硬件与操作系统之间的接口，使得操作系统能够识别、控制和管理硬件设备，从而使设备能够按照预期的方式工作。设备驱动程序是系统软件不可或缺的一部分，对于确保计算机系统的稳定运行和硬件设备的正常工作至关重要。

⑤ 中间件是一种独立的系统软件或服务程序，分布式应用软件借助这种软件在不同的技术之间共享资源。中间件位于客户机/服务器的操作系统之上，管理计算资源和网络通信。

系统软件是计算机系统中不可或缺的部分，它为计算机的正常运行和应用程序的开发提供了必要的支持和服务。随着计算机技术的不断发展，系统软件也在不断更新和升级，以满足新的需求和挑战。

1. 操作系统

操作系统（OS）是管理计算机硬件与软件的计算机程序，是计算机系统的核心，是计算机系统中最基础和最重要的系统软件。它控制所有计算机运行的程序并管理整个计算机的资源，是计算机裸机与应用程序及用户之间的桥梁。没有操作系统，用户就无法使用某种软件或程序。常用的操作系统有 DOS 操作系统、Windows 操作系统、Mac OS 操作系统、UNIX 操作系统和 Linux 操作系统以及手持和平板设备操作系统。

(1) 计算机的启动过程

计算机的启动过程，实际上就是将操作系统加载到内存中并运行，为使用计算机完成其他工作做好准备。从开启计算机直到计算机准备完毕并能接收用户发出的命令，这段时间内发生的一系列事件称为引导过程。在引导过程中，操作系统内核会加载到内存中。内核提供的是操作系统中非常重要的服务，如内存管理和文件访问。在计算机运行时，内核会一直驻留在内存中，而操作系统的其他部分只有在需要时才会载入内存。

计算机的小型引导程序内置于 ROM 中，开启计算机时，ROM 通电并通过执行引导程序启动引导过程。引导过程有以下六个主要步骤：

① 通电：打开电源开关，电源指示灯变亮，电源开始给计算机电路供电。

② 启动引导程序：微处理器开始执行存储在 ROM 中的引导程序。

③ 开机自检：计算机对系统的几个关键部件进行诊断测试。

④ 识别外围设备：计算机能识别与计算机相连接的外围设备，并检查这些设备的设置。

⑤ 加载操作系统：计算机将操作系统从硬盘读取并复制到 RAM 中。

⑥ 检查配置文件并对操作系统进行定制：微处理器读取配置数据，并执行任何由用户设置过的自定义启动程序。

当计算机准备完毕并能够接收用户命令时，操作系统就已加载成功，而引导过程也已经完成。通常计算机会显示操作系统的提示符或主屏幕，例如 Windows 操作系统就会显示 Windows 桌面。

（2）操作系统的功能

操作系统是计算机系统的控制和管理中心，从资源角度来看，它具有处理器管理、存储器管理、设备管理、文件管理四项功能。

① 处理器管理：计算机微处理器的每个周期都是可用于完成任务的资源，许多称为“进程”的计算机活动会竞争微处理器的资源。为了管理所有这些竞争资源的进程，计算机的操作系统必须确保每一个进程都能够分享到微处理器的周期。

② 存储器管理：内存是计算机中最重要的资源之一，微处理器处理的数据和执行的指令都存储在内存中。当用户想要同时运行多个程序时，操作系统就要在内存中为不同的程序分配出特定的区域。在计算机运行过程中经常会发生内存泄漏，即程序中已动态分配的堆内存由于某种原因程序未释放或无法释放，造成系统内存的浪费，导致程序运行速度减慢甚至系统崩溃等严重后果。

③ 设备管理：每个连接到计算机的设备都可视作输入或输出资源，计算机操作系统会与设备驱动程序软件通信，以确保数据在计算机与外围设备间可以顺畅地传输。如果外围设备或其驱动程序不能正常运行，操作系统就会采取适当措施，通常是在屏幕上显示警告信息。

④ 文件管理：在幕后，操作系统就像档案管理员，负责存储和检索计算机硬盘和其他存储设备上的文件。它能记住计算机中所有文件的名字和位置，并且知道哪里有可以存储新文件。

（3）操作系统的分类

操作系统根据其在用户界面的使用情况及功能特征的不同，可以有不同的分类。

① 根据操作系统的功能及作业处理方式划分。

根据操作系统的功能及作业处理方式可以分为批处理操作系统、分时操作系统、实时操作系统和网络操作系统。

- 批处理操作系统：出现于 20 世纪的 60 年代，能最大化地提高资源的利用率和系统的吞吐量。其处理方式是系统管理员将用户的作业组合成一批作业，输入到计算机中形成一个连续的作业流，系统自动依次处理每个作业，再由管理员将作业结果交给对应的用户。
- 分时操作系统：可以实现多个用户共用一台主机，在一定程度上节约了资源。借助于通信线路将多个终端连接起来，多位用户轮流地占用主机上的一个时间片处理作业。用户通过自己的终端向主机发送作业请求，系统在相应的时间片内响应请求并反馈响应结果，用户再根据反馈信息提出下一步请求，这样重复会话过程，直至完成作业。因为计算机处理的速度快，给用户的感觉是在独占计算机。
- 实时操作系统：指计算机能实时响应外部事件的请求，在规定的时间内处理作业，并控制所有实时设备和实时任务协调一致工作的操作系统。实时操作系统追求的是在严格的时间控制范围内响应请求，具有高可靠性和完整性。
- 网络操作系统：向网络计算机提供服务的一种特殊操作系统，借助网络来达到传递数据与信息的目的，一般由服务端和客户端组成。服务端控制各种资源和网络设备，并加以管控，客户端接收服务端传送的信息来实现功能的运用。

② 根据操作系统能支持的用户数和任务划分。

根据操作系统能支持的用户数和任务进行分类，可分为单用户单任务操作系统、单用户多任务操作系统、多用户多任务操作系统。这种分类下的操作系统特点很容易区分，是根据操作系统能被多少个用户使用及每次能运行多少程序来进行区分的。

计算机操作系统的分类还有其他的方法，如根据操作系统的体系结构进行划分等。

2. 设备驱动程序

设备驱动程序（device driver）用于控制计算机上的硬件设备（如打印机、键盘、鼠标、音频/视频设备等），以便它们能够与计算机系统协调工作。它相当于硬件的接口，操作系统只有通过这个接口，才能控制硬件设备的工作。

设备驱动程序的主要作用如下：

① 提供与设备交互所需的指令，允许设备与计算机通信，从而使设备能够正常工作。

② 将硬件本身的功能告诉操作系统，完成硬件设备电子信号与操作系统及软件的高级编程语言之间的互相翻译。

③ 为多个应用程序提供对设备的访问，管理设备资源的分配。

④ 检测并报告设备错误，并提供错误处理措施。

在 Windows 系统中，驱动程序按照其提供的硬件支持可以分为多种类型，如声卡驱动程序、显卡驱动程序、鼠标驱动程序、主板驱动程序、网络设备驱动程序、打印机驱动程序、扫描仪驱动程序等。值得注意的是，CPU 和内存等核心部件通常无须驱动程序即可使用，而绝大多数键盘、鼠标、硬盘、显示器等标准设备也可以使用 Windows 自带的标准驱动程序。但对于某些特定功能或外设，如高级显卡、声卡、网卡等，则需要安装与设备型号相符的驱动程序。

设备驱动程序通常由设备制造商提供，并与操作系统紧密集成。制造商会根据设备的规格和功能要求，设计驱动程序的架构，包括设备驱动程序的接口、设备控制逻辑、数据传输逻辑等。

随着操作系统的更新和硬件设备的迭代，设备驱动程序也需要不断更新以保持兼容性并提升性能。硬件厂商会定期发布新的驱动程序版本，以修复已知问题、增加新功能或提升设备性能。

驱动程序一般可通过以下三种途径得到：

① 购买的硬件附带有驱动程序。

② Windows 系统自带大量驱动程序，可支持大多数标准设备的运行。

③ 从 Internet 下载驱动程序。这种途径往往能够得到最新的驱动程序版本，但需要用户具备一定的计算机知识和技能以进行选择和安装。

在安装新硬件时，系统通常会提示用户安装相应的驱动程序。此时，用户需要按照提示进行操作，确保驱动程序正确安装并配置。如果驱动程序未能正确安装或配置，硬件设备可能无法正常工作或出现性能问题。此时，用户可以尝试重新安装驱动程序、更新操作系统或联系设备制造商获取技术支持。

驱动程序是硬件和系统之间的桥梁，其稳定性和兼容性对于系统的整体性能和稳定性至关重要。因此，在选择和安装驱动程序时，用户需要谨慎选择并遵循相关指导原则。在安装完成后，设备驱动程序就会在需要它时自动启动。设备驱动程序是运行在后台的程序，通常不会在屏幕上打开窗口。

4.2.3　应用软件

应用软件是为了满足用户在不同领域、不同问题的应用需求而提供的软件。它可以拓宽计算机系统的应用领域，放大硬件的功能，如办公软件、财会软件、通信软件、计算机辅助设计与制造软件等等。在整个社会信息化的情况下，系统软件和应用软件的界限已越来越模糊。

1. 分类

根据不同的依据，应用软件有不同的分类方法。

(1) 按功能分类

① 办公软件：如 Word、Excel、PowerPoint 等，用于文档编辑、数据处理和演示文稿制作。

② 图像处理软件：如 Photoshop、GIMP 等，用于图像编辑、美化和处理。

③ 多媒体播放软件：如 VLC、Windows Media Player 等，用于播放音频、视频和图像。

④ 游戏软件：如英雄联盟、王者荣耀等，提供娱乐和休闲功能。

⑤ 开发工具：如 Java、Python、C++等编程语言及其集成开发环境（integrated development environment，IDE），用于开发各种应用软件。

⑥ 系统工具：如磁盘清理工具、杀毒软件等，用于管理和维护计算机系统。

⑦ 浏览器软件：如 Chrome、Firefox 等，用于访问互联网和浏览网页。

⑧ 社交软件：如微信、QQ 等，用于在线交流和社交互动。

⑨ 教育软件：如在线课程平台、学习管理系统等，用于辅助教学和学习。

⑩ 财务软件：如会计软件、ERP 系统等，用于企业财务管理和决策支持。

⑪ 医学软件：如医学图像处理软件、电子病历系统等，用于医学诊断和治疗支持。

⑫ 科研软件：如数据分析软件、模拟仿真软件等，用于科学研究和技术开发。

⑬ 工程软件：如 CAD、CAE 等，用于工程设计和分析。

⑭ 通信软件：如 Skype、WhatsApp 等，用于实时通信和语音/视频通话。

⑮ 安全软件：如杀毒软件、防火墙等，用于保护计算机系统和数据安全。

⑯ 其他专用软件：针对特定行业或领域开发的专用软件，如航空航天、军事等领域的应用软件。

(2) 按运行环境分类

① 桌面应用软件：运行在计算机桌面上的软件，如 Word、Excel 等。

② 移动应用软件：运行在移动设备（如智能手机、平板计算机）上的软件，如微信、抖音等。

③ 网络应用软件：需要在网络环境下运行的软件，如在线购物平台、网页游戏等。

④ 嵌入式应用软件：嵌入到硬件设备中的软件，如智能家居控制系统、汽车导航系统等。

(3) 按授权方式分类

① 免费软件：用户可以免费使用，但可能有一些功能限制或广告。

② 商业软件：用户需要购买授权才能使用，通常提供更好的功能和服务。

③ 开源软件：软件源代码开放，用户可以自由使用和修改，但需要遵守一定的开源协议。

2. 特点与功能

① 针对性：应用软件是为了解决特定领域的问题而开发的，因此具有很强的针对性。

② 多样性：应用软件种类繁多，覆盖了工作、学习、娱乐、社交等各个领域。

③ 易用性：应用软件通常具有友好的用户界面和交互设计，使得用户能够轻松地完成各种任务。

④ 功能性：应用软件能够执行各种各样的功能，如文字处理、图像处理、视频编辑、网络通信等。

3. 发展趋势

随着技术的不断进步和应用需求的不断增长，应用软件的发展呈现出以下趋势：

① 云化：越来越多的应用软件开始迁移到云端，提供基于云的服务。这有助于降低用户的硬件成本，提高软件的可用性和可扩展性。

② 智能化：人工智能技术的不断发展使得应用软件能够具备更加智能化的功能，如自然语言处理、图像识别、机器学习等。

③ 跨平台：为了满足不同用户的需求，应用软件开发支持跨平台运行，如同时支持 Windows、macOS、iOS、Android 等操作系统。

④ 集成化：为了提高工作效率和用户体验，应用软件开发集成更多的功能和服务，形成综合性的解决方案。

应用软件是计算机科学与技术领域中不可或缺的一部分，它为用户提供了丰富的功能和服务，推动了信息化和数字化的发展。

4.2.4 软件的安装、卸载和升级

软件的安装、卸载和升级是计算机使用过程中的重要环节，用户需要掌握正确的操作方法，以确保计算机系统的稳定和安全。

视频 软件的安装

1. 软件的安装

安装软件是指将程序文件和文件夹添加到硬盘并将相关数据添加到注册表，以使软件能够正常运行的过程。

制作软件时把代码或者文件经过高压缩，这样文件小，便于传输介质，且可以防止别人盗用代码。安装时把高压缩的文件或者代码释放出来，还原成计算机可以读取的文件，写入注册表。一般下载的或者没安装的软件都稍小，安装完后占用计算机硬盘要大很多。

（1）获取安装程序的方法

① 官方网站下载：这是最安全、最可靠的获取方式，确保下载的是官方版本，避免下载到恶意软件或病毒。

② 软件商店下载：如 Microsoft Store、App Store、360 软件管家等，这些平台提供了丰富的软件资源，并且经过了严格的审核，可以降低下载恶意软件的风险。

③ 第三方网站下载：需要注意网站的可靠性和安全性，避免下载捆绑了恶意软件的安装包。

（2）安装前需要做的准备工作

① 确认操作系统兼容性：确保下载的软件版本与操作系统版本兼容。

② 检查安装需求：如是否需要特定的硬件配置、是否需要安装额外的组件或依赖等。

(3) 安装程序

① 运行安装程序：双击下载的安装包，通常是一个以“. exe”、“. msi”或“. dmg”为扩展名的文件。

② 遵循安装向导：按照安装向导的提示进行操作，包括选择安装路径、接受许可协议、配置安装选项等。

③ 完成安装：安装完成后，通常需要重启计算机或运行软件以完成最后的配置。

在安装软件时，应该确保使用正版软件，这是非常重要的。

正版软件为开发者提供了持续的收入来源，从而鼓励他们投入更多资源进行技术创新和产品研发；正版软件经过严格的测试和验证，能够确保其在各种环境下的稳定性和安全性；正版软件提供了完善的售后服务和技术支持，能够及时解决用户在使用过程中遇到的问题；正版软件提供了定期更新和升级服务，以确保软件的性能和功能能够跟上时代的需求；此外，使用正版软件是遵守国家法律法规的重要体现。

正版软件的使用有助于形成公平竞争的市场环境，促进经济的健康发展。我们应该尊重知识产权、遵守行业规范的职业道德，以及诚实守信的做人原则，积极倡导和支持使用正版软件，反对盗版和非法软件的传播，共同维护一个健康、有序、创新的软件市场环境。

2. 软件的卸载

如果用户不再使用某些应用软件，可以对其进行卸载。卸载（uninstall）指从硬盘删除程序文件和文件夹以及从注册表删除相关数据的操作，释放原来占用的磁盘空间并使其软件不再存在于系统中。通常可以通过下面三种方法卸载软件。

(1) 使用控制面板卸载（Windows 系统）

视频

使用控制面板卸载程序

① 打开“控制面板”。

② 单击“程序”或“程序和功能”。

③ 在列表中找到要卸载的软件，双击或单击“卸载”按钮。

④ 遵循卸载向导的提示完成卸载过程。

(2) 使用软件自带的卸载程序

某些软件会提供自带的卸载程序，可以在软件的安装目录下找到，双击卸载程序，按照提示完成卸载。

(3) 使用第三方卸载工具

例如，使用 Geek Uninstaller、Revo Uninstaller 等工具，这些工具提供了更彻底、更便捷的卸载方式。下载并安装第三方卸载工具，打开工具，选择要卸载的软件，按照提示完成卸载。

3. 软件的升级

软件升级是指软件开发者在编写软件时，由于设计人员考虑不全面或程序功能不完善，在软件发行后，通过对程序的修改或加入新的功能后，以补丁或者新版本的形式发布。用户把这些补丁更新或者安装新版本，即可完成升级。

软件升级包括系统升级和应用程序升级两种，系统升级是指系统更换成较高版本的系统（如 Windows 8 更换成 Windows 10、Windows 10 更换成 Windows 11 等）或对系统下载补丁，使其免受攻击或增加新功能；应用程序升级就是下载安装新版本的软件，体验新功能。

Windows 系统可以通过微软的 Windows Update 轻松进行升级，而应用程序升级可使用诸如 360 软件管家之类的软件管理程序，会及时地提醒升级的软件的版本和功能。软件升级的同时也要注意该版本的稳定性和适用性，并不是最新版就是最好的。对很多人来讲，往往稳定性比功能更重要。

在升级前，建议备份重要数据，以防升级过程中出现意外导致数据丢失；确保网络连接稳定，以便顺利下载升级包；在升级过程中，按照软件的提示进行操作，不要随意中断升级过程。

小结

本章主要介绍了计算机体系结构及其工作原理、计算机硬件系统和计算机软件系统的基本概念、组成和原理。通过本章的学习，可使学生理解冯·诺依曼体系结构及其工作原理，掌握运用计算机硬件系统性能的分析方法，并根据不同需求选择合适的计算机，掌握运用软件的安装、卸载和更新方法指导实际生活中根据不同需求安装合适的软件系统。

习题 4

一、单项选择题

1. 冯·诺依曼结构计算机必须具备的基本组成部件有________。

A. 输入设备、CPU、存储器、总线、键盘

B. 输入设备、存储器、运算器、控制器、输出设备

C. 输入设备、运算器、控制器、硬盘、显示器

D. 键盘、CPU、存储器、网卡、显示器

2. 存储器容量是 1 KB，实际包含________字节。

A. 1 000 B　　B. 1 024 B　　C. 1 024 GB　　D. 1 000 MB

3. 系统软件中最重要的是________。

A. 操作系统　　B. 语言处理程序　　C. 工具软件　　D. 数据库管理系统

4. 下列单位换算中正确的是________。

A. 1 KB=2 048 B　　B. 1 GB=1 024 B

C. 1 MB=1 024 GB　　D. 1 MB=1 024 KB

5. CPU、存储器、I/O 设备是通过________连接起来的。

A. 接口　　B. 总线　　C. 系统文件　　D. 控制线

6. 用来保存计算机系统配置信息的存储器称为________存储器。

A. RAM　　B. Cache　　C. ROM　　D. CMOS

7. 外围设备是指________。

A. 输入设备和输出设备　　B. 输入设备、输出设备、主存储器

C. 输入设备、输出设备和存储器　　D. 输入设备、输出设备、辅助存储器

8. 不属于辅助存储器特点的是________。

A. 容量大　　B. 价格低　　C. 存取速度较低　　D. 易失性

9. 系统软件和应用软件的相互关系是________。

A. 前者以后者为基础　　B. 后者以前者为基础
C. 每一类都不以另一类为基础　　D. 每一类都以另一类为基础

10. 操作系统是一种对________进行控制和管理的系统软件。
A. 计算机所有资源　　B. 全部硬件资源
C. 全部软件资源　　D. 应用程序

11. 硬磁盘中，________是用于向磁盘读写信息的工具。
A. 磁头　　B. 磁道　　C. 扇区　　D. 柱面

二、判断题

1. 冯·诺依曼结构计算机是通过“外接”线路完成数据存储的。（　　）
2. CPU 是计算机硬件系统的唯一核心部件。（　　）
3. 操作系统是计算机系统中唯一的基础软件。（　　）
4. 应用软件是直接面向用户完成特定任务的程序。（　　）
5. ALU（算术逻辑单元）是 CPU 中负责执行算术运算和逻辑运算的部件。（　　）
6. 寄存器是 CPU 内部的高速缓存部件，用于暂时存储数据和指令。（　　）
7. 存储容量是指存储器所能容纳的二进制信息量的总和。（　　）
8. 计算机 CPU 主要由运算器、控制器和寄存器三部分组成。（　　）
9. 所有软件都是免费提供的，不需要支付任何费用。（　　）
10. 磁盘上一圈圈的圆周称为扇区。（　　）
11. 记录层是烧录时刻录信号的地方。（　　）

三、填空题

1. 冯·诺依曼结构计算机体现了____________________的基本思维。
2. 计算机系统包括________和________。
3. 计算机硬件系统包括________和________。
4. 计算机的主机通常是指________和________。
5. 内存储器根据功能分为________和________。
6. 计算机软件由________、________和文档组成。
7. 计算机软件系统包括________和________。
8. 存储器是用来存储________和各种数据信息的记忆部件。
9. ________是指计算机从存储器读出数据或写入数据所需要的时间，它表明了存储器存取速度的快慢。
10. 主存的工作方式是按存储单元的地址存放或读取各类信息，存放信息称为________，读取信息称为________。
11. 磁表面存储器是指利用________技术存储数据的存储器。

四、简答题

1. 冯·诺依曼结构计算机具有哪些功能？
2. 计算机的主要技术指标是什么？
3. 根据总线所连接的对象所在位置不同总线分为哪几类？简单描述每种总线的功能。
4. 简述磁表面存储器的读/写过程。
5. 什么是软件的卸载和安装？

第 5 章 数据结构

引言

数据结构主要研究数据的逻辑结构、在计算机中的存储结构，以及对数据进行各种非数值运算的方法和算法。数据的逻辑结构分为集合、线性、树、图 4 种基本结构，由它们构成复杂的逻辑结构。数据结构包括线性结构和非线性结构，其中线性结构包括线性表、表、栈和队列；非线性结构包括图和树。本章将简要介绍现代计算机系统中如何组织和管理数据。

内容结构图

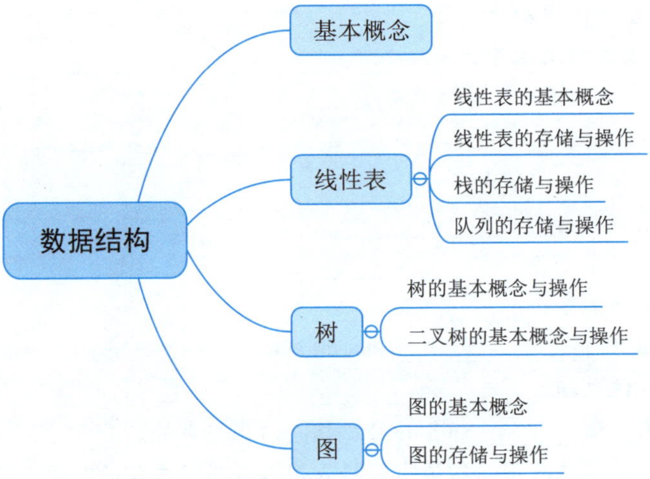

学习目标

① 了解学习数据结构的重要性。
② 掌握线性表、栈、队列的定义和操作。
③ 理解树和二叉树定义、二叉树的性质和操作。
④ 理解图的概念和图的操作。

素养目标

通过学习队列结构的基础知识，明白排队使公共场所有了秩序，使各项服务、工作能有序、高效地运行。

5.1 基本概念

随着大数据时代的到来，数据量急剧膨胀，计算机最适合存储、处理数据量大、数据种类多的信息，且它的运行速度快、保存长久。数据通常有两种主要表现形式：一是数值型数据，如整型、实型等；二是非数值型数据，如字符串、图、表、声音等。计算机如何存储和处理这些非数值型数据？“数据结构”主要解决这类问题。数据结构 1968 年由西方国家引入，开始阶段包括图、表、树、集合代数、关系等内容，是计算机专业的一门专业基础课，编程语言采用目前广泛流行的面向对象程序设计语言进行描述。

随着计算机软硬件的发展、计算机应用领域的扩大，非数值计算问题越来越重要，设计一个结构好、效率高的程序，必须研究数据的特性、数据间的相互关系以及数据的存储表示。数据结构是计算机科学与技术领域广泛使用的一个基本术语，用来反映数据内部构成。

1. 数据

数据是信息的载体，是人们对客观事物的符号描述。在计算机领域，数据就是指所有能输入机器中并被计算机程序处理的符号总称。随着计算机处理能力的不断提高，文本、图像、声音、视频等多媒体数据都可以被计算机处理，所以数据的范围已经非常广泛，而不仅仅局限于数值类型。

计算机程序处理的对象就是数据，例如，学籍管理程序处理的数据是学籍登记表，编译程序处理的数据是源程序。

2. 数据元素

数据元素是数据的基本单位，通常在计算机程序中作为一个整体进行考虑和处理。数据元素由若干个数据项构成，数据项是数据不可分割的最小单位。例如，学生花名册中记录着学生的学号、姓名、性别、出生日期、班级五个数据项，每个学生的一条记录就是一个数据元素，如图 5-1 所示。

学号	姓名	性别	出生日期	班级
20240001	鹿鸣	男	2005/10/16	1班
20240002	王强	男	2006/09/14	1班
20240003	林淼淼	女	2005/02/09	2班
20240004	张利民	男	2004/03/19	2班
20240005	桂本清	女	2006/10/16	3班
20240006	周先超	男	2005/08/24	3班

数据元素（指 20240002 一行）

数据项（指“2班”）

图 5-1　数据元素和数据项

数据元素具有广泛的含义，一般来说，能独立、完整地描述问题世界的一切实体都是数据元素。例如，博弈中的棋盘格局、教务系统中的某门课程、一年中的十二个月，甚至一场足球比赛、一场学术报告都是数据元素。

3. 数据对象

数据对象是性质相同的数据元素构成的集合，是数据的一个子集。例如，图 5-1 中学生花名册就是一个数据对象，其中每一名学生就是一个数据元素，他们都具有学号、姓名、性别、出生日期、班级五个数据项的值。

视频
数据结构

4. 数据结构

数据结构是一个二元组 Data Structure = (D,S)，其中 D 是一个数据元素的有限集合，S 是 D 上的关系的有限集合。结构是指数据元素相互之间的关系。需要指出，数据元素是数据结构问题中涉及的最小数据单位，而数据项一般不予考虑。

按照视点的不同，数据结构包括数据的逻辑结构和存储结构。数据的逻辑结构又称为数据的外部结构，指各数据之间逻辑关系的整体，反映人们对数据含义的解释。

根据数据元素之间逻辑关系的不同，将数据结构分为集合结构、线性结构、树结构、图结构四类，如图 5-2 所示。

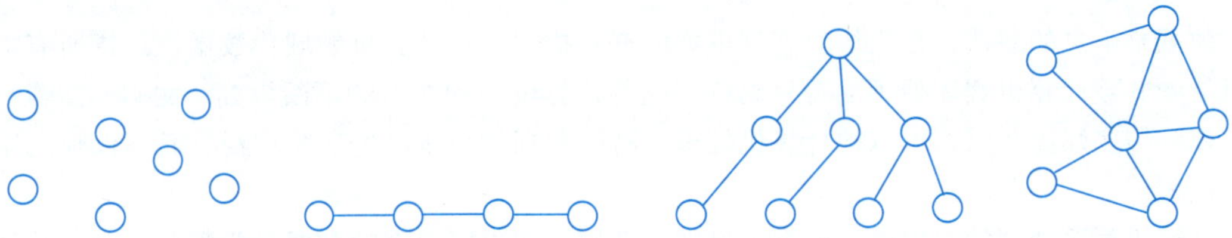

（a）集合　（b）线性结构　（c）树结构　（d）图结构

图 5-2　数据的逻辑结构

（1）集合结构

数据元素之间属于同一集合，堆放在一个集合中，除此之外，没有任何关系。

（2）线性结构

数据元素之间存在一对一的关系。除第一个数据元素没有前驱，最后一个数据元素没有后继外，每一个数据元素都有唯一直接前驱和直接后继。

（3）树结构

数据元素之间存在一对多的关系。除第一个数据元素无前驱外，其他数据元素都有唯一的直接前驱。无前驱的数据元素称为根节点。

（4）图结构

数据元素之间存在多对多的关系，任一数据元素都有多个前驱和多个后继。图结构也称为网状结构。

数据的逻辑结构通常用逻辑关系图来描述。描述方法：将每一个数据元素看成一个节点，用圆圈表示，元素之间的逻辑关系用节点之间的连线表示，如果强调关系的方向性，那么用带箭头的实线表示关系。

数据的存储结构又称数据的物理结构，是指数据的逻辑结构在计算机中的表示。也就是说，存储结构除了存储数据元素之外，必须显式或隐式地存储数据元素之间的逻辑关系。通常分为顺序存储结构和链式存储结构两种。

顺序存储结构的基本思想：用一组连续的存储单元依次存储数据元素，数据元素之间的逻辑关系由元素的存储位置来表示。例如，线性表（cat,dog,pig）的顺序存储示意图如图 5-3 所示。

链式存储结构的基本思想：用一组任意的存储单元存储数据元素，数据元素之间的逻辑关系用指针来表示。例如，线性表（cat,dog,pig）的链式存储示意图如图 5-4 所示。

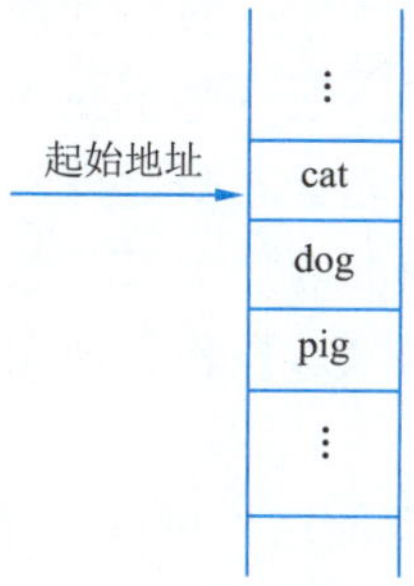

图 5-3　数据顺序存储结构

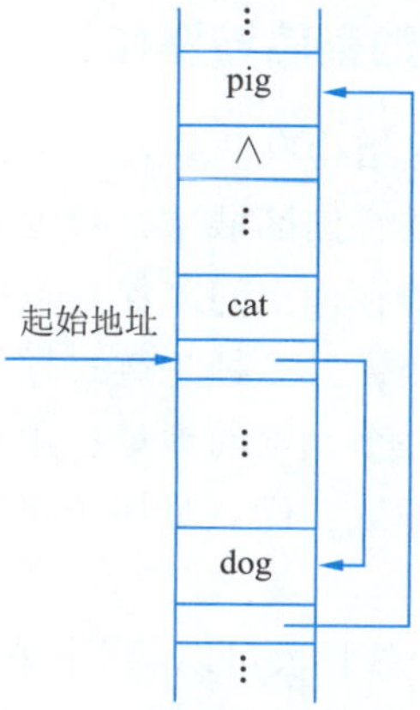

图 5-4　数据链式存储结构

数据的逻辑结构是从具体问题抽象出来的数据模型，属于面向问题，反映数据元素之间的关联方式或邻接关系。数据的存储结构是面向计算机的，基本目标是将数据及其逻辑关系存储到计算机的内存中。为了与数据的存储结构有所区别，通常将数据的逻辑结构称为数据结构。

数据的逻辑结构和存储结构这两个方面是密切相关的。一般来说，一种数据的逻辑结构可以用多种存储结构来存储。当采用的存储结构不同，数据处理的效率也千差万别。

5.2 线性表

5.2.1　线性表的基本概念

线性表（linear list）是最简单也是最常用的一种数据结构。它是由 n（$n \geqslant 0$）个具有相同类型的数据元素组成的有限序列，如图 5-5 所示。线性表的一般表示如下：

$$L=(a_1,a_2,a_i,a_{i+1},\cdots,a_n)$$

其中，L 表示线性表名称，a_i（$1 \leqslant i \leqslant n$）称为数据元素，$n$ 称为线性表的长度，下标 i 表示该元素在线性表中的位置或者序号，称元素 a_i 位于表的第 i 个位置，或称 a_i 是表的第 i 个元素。a_1 称为第一个元素，a_n 称为最后一个元素，任意一对相邻的数据元素 a_{i-1} 和 a_i（$1<i \leqslant n$）之间存在序偶关系 $<a_{i-1},a_i>$，且 a_{i-1} 称为 a_i 的前驱，a_i 称为 a_{i-1} 的后继。当 $n=0$ 时，称为空表。线性表的长度是可以改变的，当向线性表中插入一个元素时，线性表长度加 1；当删除一个元素时，线性表长度减 1。

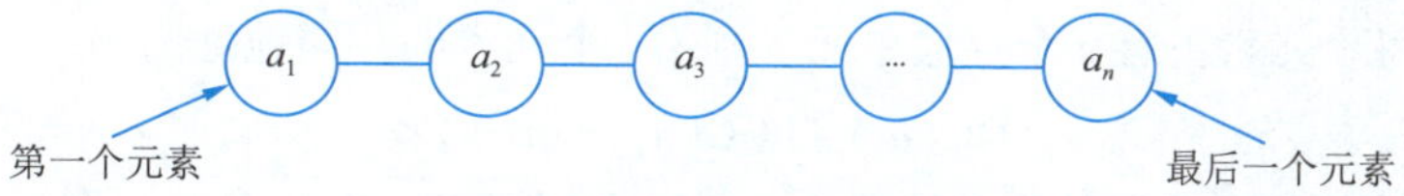

图 5-5　线性表结构示意图

当线性表非空时，除了第一个元素 a_1 外，其他任何元素有且仅有一个直接前驱；除了最后一个数据元素 a_n 外，其他任何元素有且仅有一个直接后继。例如，英文字母表（a,b,…,z）就是一个线性表；一年 12 个月可以用线性表 Year 表示：Year=("1月","2月","3月","4月","5月","6月","7月","8月","9月","10月","11月","12月")。

5.2.2 线性表的存储与操作

线性表的存储结构有两种：一种是顺序存储结构，表中各数据元素依照它们的逻辑次序存储在一片连续的存储区域中，数据元素的逻辑顺序与物理顺序一致，其优点是节省存储空间，不需要额外的存储空间来保存数据元素之间的逻辑关系，缺点是不便于对数据元素实施插入、删除等操作；另一种是链式存储结构，除了存储数据元素本身之外，还需要存储一组指针。指针是另一个元素的地址，用指针表示数据元素之间的顺序关系。数据元素的逻辑顺序与物理顺序不一致，优点是便于对数据元素实施插入、删除等操作，缺点是存储空间的利用率低。

在计算机内，线性表可以用不同的方式表示，即有多种存储结构可供选择。在实现线性表数据元素的存储方面，一般可用顺序存储结构和链式存储结构两种方法。对于完成某种运算来说，不同的存储方式，其执行效果不一样。为了使所要进行的运算得以有效地执行，在选择存储结构时，必须考虑采用的是哪些运算，对选定的存储结构，应估计这些运算执行时间的量级，以及它对存储容量的要求。

1. 顺序存储结构

线性表的顺序存储结构称为顺序表。顺序表用一段地址连续的存储单元依次存储线性表的数据元素。由于线性表中每个数据元素的类型相同，通常用一维数组来实现顺序表，也就是把线性表中相邻的元素存储在数组中相邻的位置，从而导致数据元素的序号和存放它的数组下标之间的一一对应关系。需要强调的是，C 语言中数组的下标是从 0 开始，而线性表中元素的序号是从 1 开始，也就是说，线性表中第 i 个元素存储在数组中下标 $i-1$ 的位置。

用数组存储顺序表，意味着要分配固定长度的数组空间，因此，必须确定数组的长度，即存放线性表的数组空间的长度。因为在线性表中可以进行插入操作，则数组的长度就要大于当前线性表的长度。用 MaxSize 表示数组的长度，用 length 表示线性表的长度。顺序表的存储示意图如图 5-6 所示。

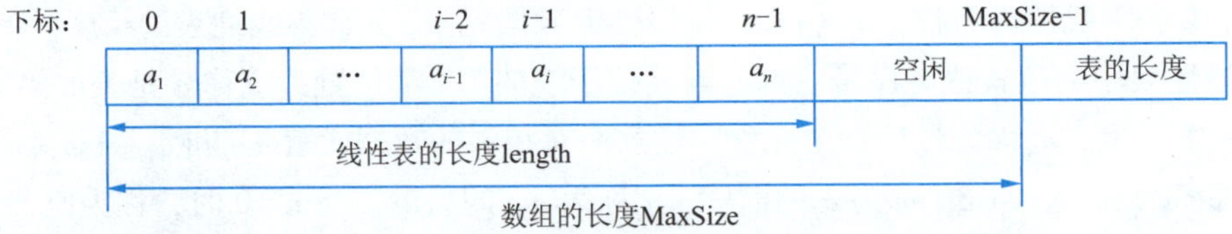

图 5-6 顺序表存储示意图

设顺序表的每个元素占有 c 个存储单元，则第 i 个元素的存储地址为：

$$LOC(a_i)=LOC(a_1)+(i-1)\times c$$

由于 C 语言中数组的下标是从 0 开始的，所以在逻辑上所指的“第 k 个位置”实际上对应的是顺序表的“第 $k-1$ 个位置”，如图 5-7 所示。

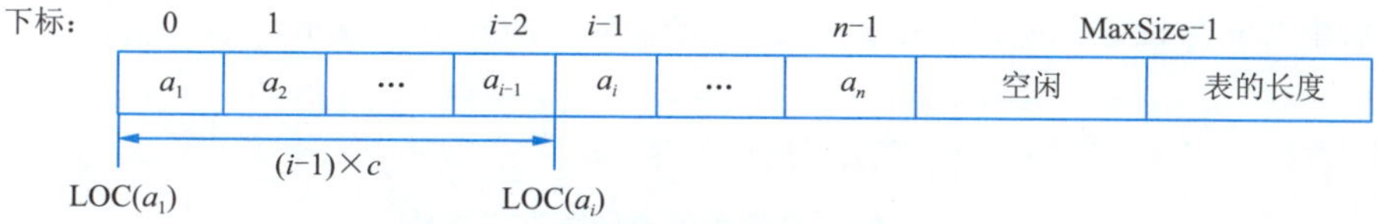

图 5-7　顺序表中元素 a_i 的存储地址

从图 5-7 中可以看出，顺序表中数据元素的存储地址是其序号的线性函数，确定了存储顺序表的起始地址（即基地址），计算任意一个元素的存储地址的时间是相等的，具有这一特点的存储结构称为随机存取结构。

2. 链式存储结构

顺序表利用数组元素在物理位置上的邻接关系来表示线性表中数据元素之间的逻辑关系，其缺点如下：在顺序表上完成插入和删除操作时，等概情况下，平均需要移动表中一半的元素；当线性表的长度变化较大时，难以确定表的容量；会造成存储空间的“碎片”。为了克服顺序表的缺点，可以采用链式存储结构来实现，这种存储结构的特点是，逻辑上相邻的数据元素不要求其物理存储位置相邻。

数据的链接存储表示称为链接表。当链接表中的每个节点只含有一个指针域时，则称为单链表。单链表是用一组任意的存储单元存放线性表的元素，这组存储单元可以连续也可以不连续，甚至可以零散分布在内存中的任意位置。为了能正确表示元素之间的逻辑关系，每个存储单元在存储数据元素的同时，还必须存储其后续元素所在的地址信息，这个地址称为指针。这两部分组成了数据元素的存储映像，称为节点，如图 5-8 所示。

图 5-8　单链表的节点结构

其中，data 是数据域，用来存储数据元素；next 是指针域，用来存储该节点的后继节点的地址。

单链表是通过每个节点的指针域将线性表的数据元素按其逻辑次序链接在一起，由于每个节点只有一个指针域，所以称为单链表。显然，单链表中每个节点的存储地址存放在其前驱节点的 next 域中，而第一个节点没有直接前驱，所以设头指针指向第一个元素所在节点，整个单链表的存取必须从头指针开始进行，即头指针具有标识一个单链表的作用；同理，最后一个元素无直接后继，最后一个元素所在节点的指针域为空，即 NULL（用“∧”表示）。例如，线性表（r,p,b,o），对应的单链表在内存中的存储结构如图 5-9 所示。

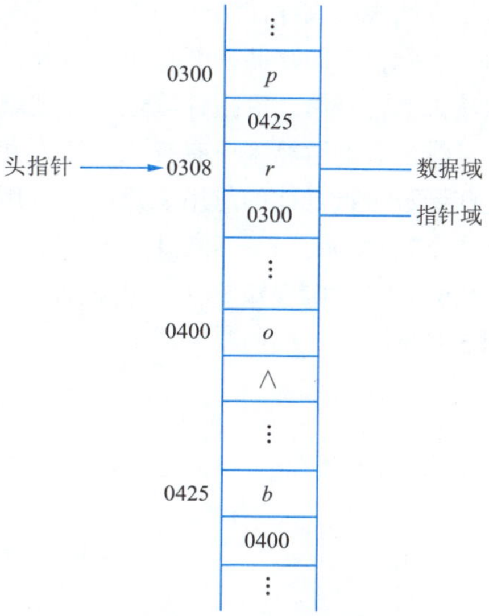

图 5-9　线性表的单链表存储结构

用图 5-9 表示一个单链表非常不方便，同时，单链表在使用时，我们关心的是它所表示的线性表中的数据元素及其之间的逻辑关系，并不关心每个数据元素在存储器中的实际位置，所以，单链表通常按图 5-10 所示形式表示。

图 5-10　线性表的单链表存储结构

从图 5-10 中可以看出，除了第一个节点外，其他每个节点的指针域都存放着其直接后继的存储地址，而第一个节点是由头指针指示的。这个特殊的节点在单链表实现时需要特殊处理。因此，通常在单链表的第一个节点之前增加一个类型相同的节点，称为头节点，如图 5-11 所示。

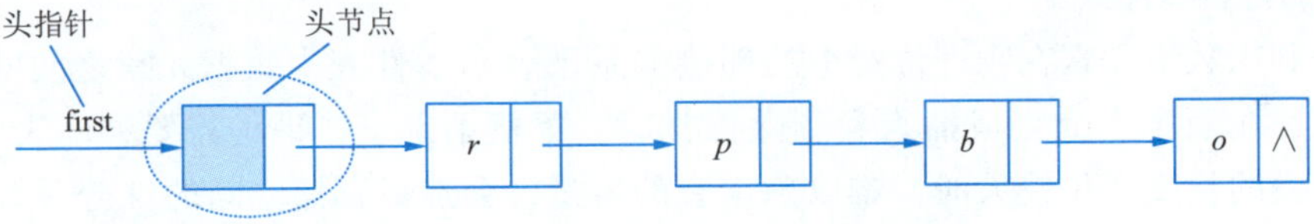

图 5-11　带头节点的单链表存储结构

3. 顺序结构与链表结构的比较

在线性表的顺序存储结构中，是利用节点的存储位置来反映节点的逻辑关系，节点的逻辑次序与存储空间中的物理次序一致，因而只要确定了线性表中起始节点的存储位置，即可方便地计算出任一节点的存储位置，所以可以实现节点的随机访问。在顺序表中只需存放节点自身的信息，因此，存储密度大、空间利用率高。但在顺序表中，节点的插入、删除运算可能需要移动许多其他节点的位置，一些长度变化较大的线性表必须按照最大需要的空间分配存储空间，这些都是线性表顺序存储结构的缺点。

而在线性表的链式存储结构中，节点之间的逻辑次序与存储空间中的物理次序不一定相同，是通过给节点附加一个指针域来表示节点之间的逻辑关系。所以，不需要预先按最大的需要分配存储空间。同时，链表的插入、删除运算只需要修改指针域，而不需要移动其他节点。这是线性表链式存储结构的优点。它的缺点在于，每个节点中的指针域需要额外占用存储空间，因此，它的存储密度较小。另外，链式存储结构是一种非随机存储结构，查找任一节点都要从头指针开始，沿指针域逐个地搜索，增加了某些算法的时间代价。

线性表的运算主要有查找、插入和删除。实现了线性表的各基本操作后，可利用编程调用这些函数进行具体的应用。第一个应用是“两个集合并运算”的算法，即实现两个集合的并运算 $A \cup B$。例如，$A=\{1,2,4,6,5\}$，$B=\{0,2,3,6,5,7,4\}$，则两集合的并运算的结果是$\{1,2,0,3,4,6,5,7\}$。实现该算法可用线性表表示集合，用 L_a、L_b分别表示问题中的集合 A 与 B，如图 5-12 所示。

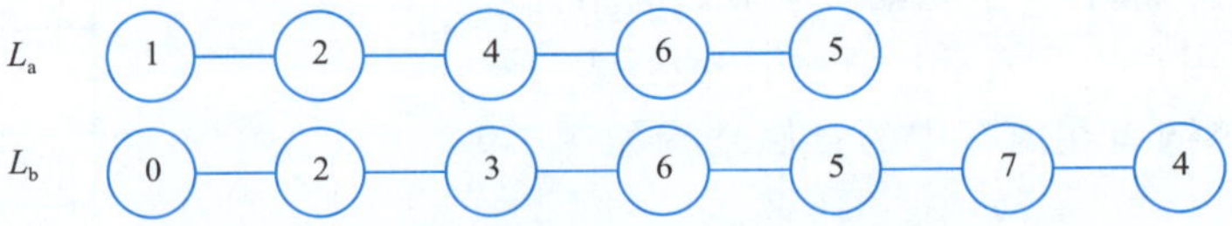

图 5-12　用单链表来表示两个集合

并运算可以将其中一个集合的数据并入另一个集合中，例如将 A 集合中有而 B 集合中没有

的数据放入 B 集合中，即实现 $B=A\cup B$。操作完成后 B 集合变化，而 A 集合保持不变。实现此方案可从线性表 L_a 中依次取每个数据元素，将其与线性表 L_b 中的每个元素比较，若没有相同元素则将其放到 L_b。算法既可采用顺序存储，也可采用链式存储方法实现。

4. 线性表的操作

线性表的基本操作包括创建表、判空表、求线性表的长度、按编号查找、按特征查找、插入、删除、修改和遍历。下面均用 C 语言中的函数表示。

(1) 创建表

操作表示：CreatList( )

操作功能：建立一个空线性表，返回表名，例如 L。

(2) 判空表

操作表示：EmptyList(L)

操作功能：判断 L 是否为空表，若是返回 1，否则返回 0。

(3) 求线性表的长度

操作表示：LenList(L)

操作功能：求线性表 L 中元素的个数 n，返回 n。

(4) 按编号查找

操作表示：GetList(L,i)

操作功能：在表 L 中查找 i 号元素的值，若成功则返回该值，否则返回 0。

(5) 按特征查找

操作表示：LocateList(L,x)

操作功能：从表 L 中查找值为 x 的元素位置，若成功则返回元素位置编号 i，否则返回 0。

(6) 插入

操作表示：InsertList(L,i,x)

操作功能：在表 L 中把 x 作为值插入 i 号元素之前，若插入成功则返回 1，否则返回 0。

(7) 删除

操作表示：DeleteList(L,i)

操作功能：在表 L 中删除 i 号元素。若成功则返回 1，否则返回 0。

(8) 修改

操作表示：UpdateList(L,i,x)

操作功能：在表 L 中将 i 号元素的值修改为 x。若成功则返回 1，否则返回 0。

(9) 遍历

操作表示：TraversalList(L)

操作功能：打印线性表中所有元素。若成功则返回 1，否则返回 0。

【例 5.1】 设线性结构表示如下：

L：(鹿鸣,王强,林森淼,张利民,桂本清,周先超)

这是一份学生名单，请据此回答一下问题：

① 名单中是否有“林森淼”其人？

可用以下操作表示：

LocateList(L,林淼淼)

返回：3

表示的确有“林淼淼”其人，他在表 L 的第三个位置。

② 查找名单中第四个人。

可用以下操作表示：

GetList(L,4)

返回：张利民

表示第四个人为张利民。

③ 在名单中删除第三个人，在第二个和第三个位置上添加两个人：张帆、徐冰心。

可用以下操作表示：

DeleteList(L,3)

InsertList(L,2,张帆)

InsertList(L,3,徐冰心)

TraversalList(L)

经过上面操作后，原有线性结构中的数据变成下面所列的数据：

L：(鹿鸣,张帆,徐冰心,王强,张利民,桂本清,周先超)

5.2.3 栈的存储与操作

栈是限定仅在表的某一端进行插入和删除操作的特殊的线性表。允许进行插入和删除操作的一端称为栈顶，另一端则称为栈底。

如图 5-13 所示，栈中有 n 个元素，插入元素（又称为入栈）的顺序为 $a_1,a_2,\cdots,a_n$，当删除元素（也称为出栈）时只能删除 a_n。换而言之，任何时候，出栈的元素只能是栈顶元素，即后进先出，所以，栈中元素除了具有线性关系外，还具有后进先出的特性。

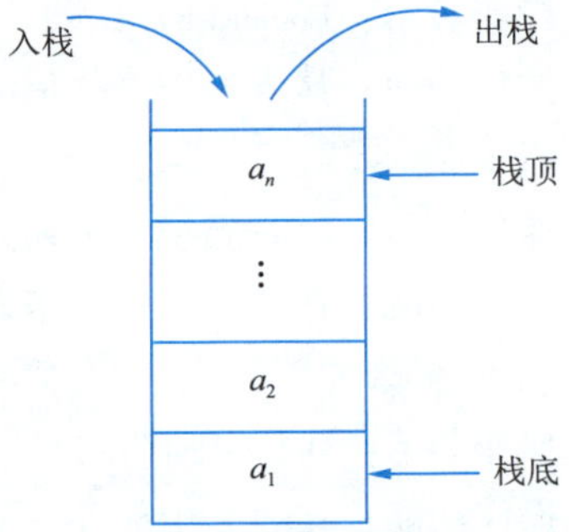

图 5-13　循环双向链表存储示意图

在日常生活中，栈的例子有很多。例如，一名教师上课批改作业时，要批改若干名学生的作业，只有在其顶部操作才是最方便的。在程序设计语言中，也有很多栈应用的例子，例如，高级程序语言在编译源程序时，完成类似表达式括号匹配问题，就是使用栈来实现的；将十进制数 N 转化为二进制；将一组数逆置，常用的一种方法是使用栈。采用栈逆置时，只要将所有元素按顺序压栈，再全部出栈即完成这组数的逆置；计算机系统在处理子程序之间的调用关系时，用栈来保存处理执行过程中的调用次序，等等。

1. 栈的顺序存储结构——顺序栈

栈的顺序存储结构称为顺序栈。顺序栈本质上是顺序表的简化，唯一需要确定的是用数组的哪一端表示栈底。通常把数组中下标为 0 的一端作为栈底，同时附设指针 top 指示栈顶元素在数组中的位置。设存储栈元素的数组长度为 StackSize，则栈空时栈顶指针 top=-1；栈满时栈顶指针 top=StackSize-1。入栈时，栈顶指针 top 加 1；出栈时，栈顶指针 top 减 1。栈操作示意图如图 5-14 所示。

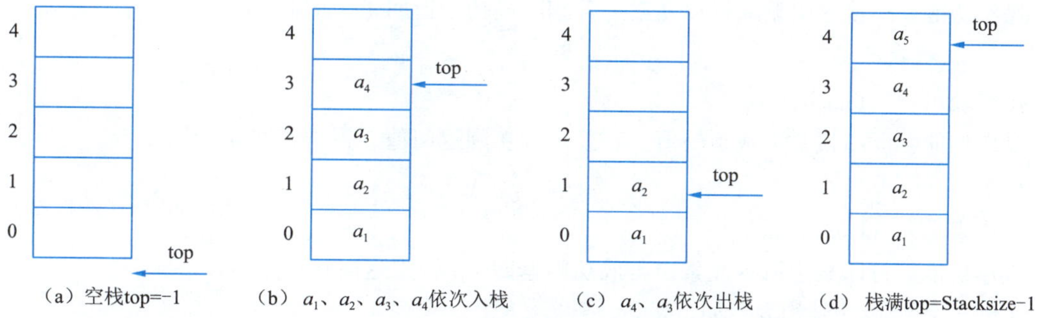

图 5-14　栈的操作示意图

2. 栈的链接存储结构——链栈

栈的链接存储结构称为链栈。通常链栈用单链表表示，因此其节点结构与单链表的节点结构相同。因为只能在栈顶执行插入和删除操作，显然以单链表的头部做栈顶是最方便的，而且没有必要像单链表那样为了运算方便附加一个头节点。链栈的表示形式如图 5-15 所示。

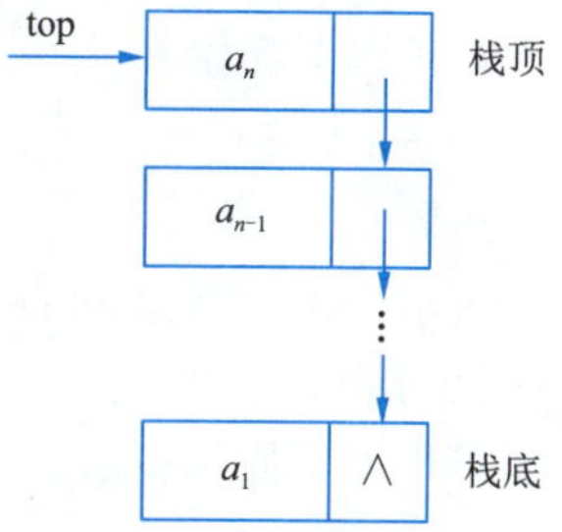

图 5-15　链栈的表示形式

3. 顺序栈与链栈的比较

实现顺序栈和链栈的所有基本操作的算法都只需要常数时间，因此可以比较的只能是空间性能。初始时，顺序栈必须确定一个固定的长度，因此受元素个数的限制，存在空间浪费的问题。链栈不存在栈满的担忧，只有当内存不足时才会出现栈满的问题。但是每个元素都需要一个指针域，会产生结构性开销。所以，当栈的使用过程中元素个数变化较大时，用链栈比较合适；反之，则采用顺序栈。

4. 栈的操作

栈的基本操作包括创建栈、判栈空、求栈的长度、入栈、出栈、取栈顶元素和遍历。下面均用 C 语言中的函数表示。

（1）创建栈

操作表示：CreatStack( )

操作功能：建立一个空栈，返回栈名，例如 S。

（2）判栈空

操作表示：EmptyStack(S)

操作功能：判断 S 是否为空栈，若是返回 1，否则返回 0。

（3）求栈的长度

操作表示：LenStack(S)

操作功能：求栈 S 中元素的个数 n，返回 n。

（4）入栈

操作表示：PushStack(S,x)

操作功能：在栈 S 中将值 x 插入栈顶。若插入成功则返回 1，否则返回 0。

（5）出栈

操作表示：PopStack(S)

操作功能：从栈 S 中删除栈顶元素。若删除成功则返回 1，否则返回 0。

(6) 取栈顶元素

操作表示：GetStack(S)

操作功能：读出栈 S 中栈顶的值。若读出成功则返回值，否则返回 0。

(7) 遍历

操作表示：TraversalStack(S)

操作功能：打印栈中所有元素。若成功则返回 1，否则返回 0。

【例 5.2】 设栈结构表示如下：

S：(a,b,c,d,e)

这是一个栈，请据此回答以下问题：

① 读出栈顶元素。

可用以下操作表示：

GetStack(S)

返回：e

表示栈顶元素值为 e。

② 求栈的长度。

可用以下操作表示：

LenStack(S)

返回：5

表示栈的长度为 5。

③ 在栈中出栈两个元素，然后入栈一个元素 f。

可用以下操作表示：

PopStack(S)

PopStack(S)

PushStack(S,f)

TraversalStack(S)

经过上面 4 个操作后，原有栈中的数据变成下面所列的数据：

S：(a,b,c,f)

5.2.4 队列的存储与操作

视频

队列的存储与操作

队列是只允许在一端插入数据元素，而在另一端删除数据元素的线性表。允许插入数据元素插入元素（又称为入队）的一端称为队尾，允许删除（又称为出队）的一端称为队头。假设一个队列有五个元素，入队顺序为 a_1、a_2、a_3、a_4、a_5，出队的顺序依然是 a_1、a_2、a_3、a_4、a_5，即最先入队最先出队，如图 5-16 所示。所以，队列中元素除了具有线性关系外，还具有先进先出的特性。

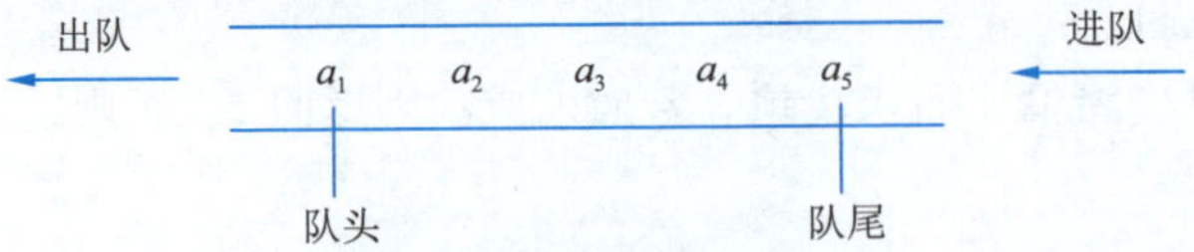

图 5-16 队列的示意图

现实世界中有许多问题可以用队列描述，例如，银行的排号系统就是按队列方式进行的。在程序设计中，键盘缓冲区的数据、操作系统中作业调度等问题经常采用队列方式处理数据。

1. 队列的顺序存储结构——循环队列

队列是特殊的线性表，从这个出发点分析一下队列的顺序存储问题。

假设队列有五个元素，顺序存储的队列应该把队列中所有元素都存储在数组的前五个单元。如果把队头元素放在数组下标为 0 的一端，则入队操作相当于追加，不需要移动元素；但是出队操作中，为了保证剩下的三个元素仍然存储在数组的前三个单元，所有的元素都要向前移动两个位置，如图 5-17 所示。

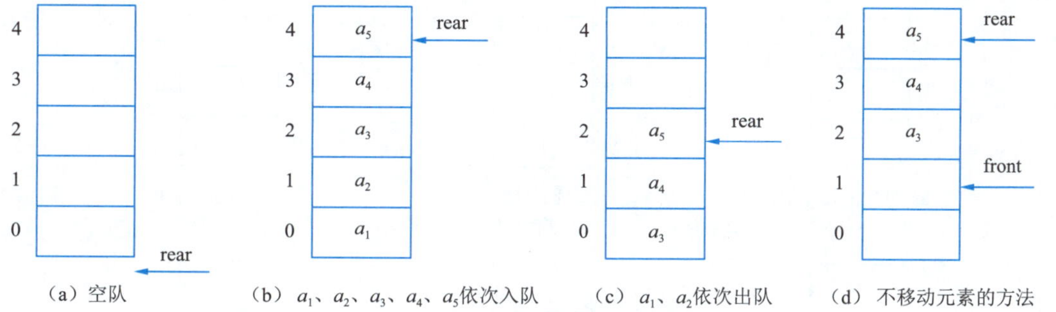

图 5-17　顺序队列的操作示意图

如果不要求队列的所有元素必须存储在数组的前 n 个单元，只要求队列的元素存储在数组中连续的位置，可以得到一种更为有效的存储方法，如图 5-17（d）所示。此时入队和出队操作的时间开销都一样，不需要移动任何元素。但是队列的队头和队尾都是可以活动的，需要设置两个指针——队头和队尾。同时约定：队头指针 front 指向队头元素的前一个位置，队尾指针 rear 指向队尾元素。

但是这样的处理，会出现一个新问题：随着队列元素不断地进行插入和删除操作，整个队列向数组中下标较大的位置移动，这种“单向移动”会产生“假溢出”。即元素被插入到数组中下标最大的位置之后，队列的空间显示用尽，但此时数组下标低端还有空闲空间，如图 5-17（d）所示。

解决假溢出可以将存储队列的数组看成头尾相连的循环结构，即队列直接从数组下标最大的位置过渡到下标最小的位置，如图 5-18 所示。这种操作通过取模操作很容易实现。这种头尾相连的队列顺序存储结构称为循环队列。

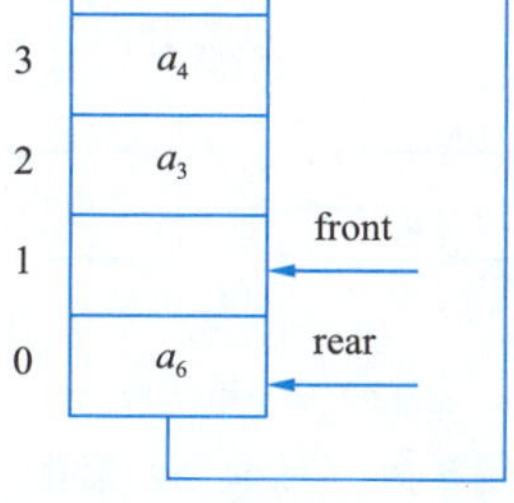

图 5-18　解决循环队列假溢出操作示意图

在循环队列中还存在一个很重要的问题：队空和队满的判定条件。若队列中只有 1 个元素，执行出队操作，则队头指针加 1 后与队尾指针位置相同，即队空的条件是 front = rear，如图 5-19（a）和（b）所示；若数组中只有一个空闲位置，执行入队操作后，队尾指针加 1 后与队头指针位置相同，即队满的条件也是 front = rear，如图 5-19（c）和（d）所示。如何将队空和队满的判定条件区分开？可以选择牺牲一个数据元素的存储单元，图 5-19（c）和（e）可以看成队满的情况，此时队尾指针和队头指针相差 1，即队满的条件变为：(rear+1) % QueueSize = front。

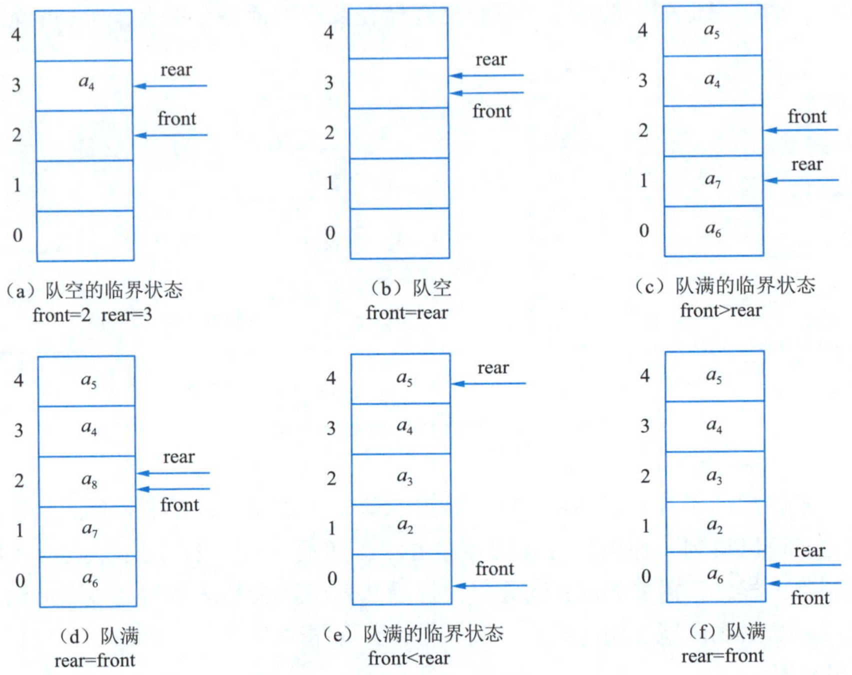

图 5-19　循环队列对空和队满的判定示意图

2. 队列的链接存储结构——链队列

队列的链接存储结构称为链队列。通常链队列是在单链表的基础上做简单的修改即可。链队列加上头节点可以使空队列和非空队列的操作保持一致。根据队列先进先出的特性，为了操作方便，这里设置队头指针指向链队列的头节点，队尾指针指向最后一个节点，如图 5-20 所示。

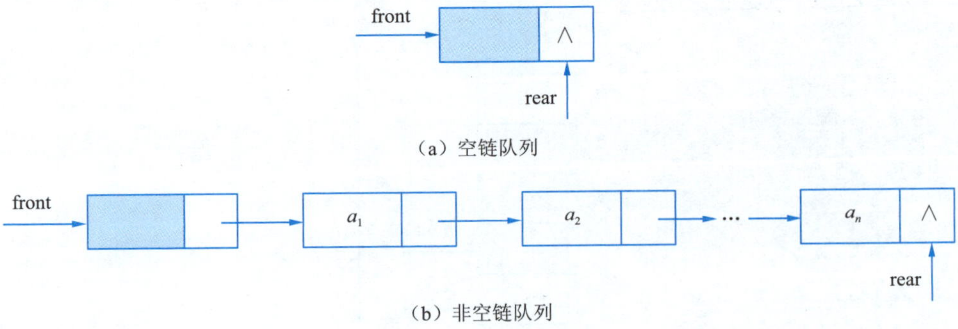

图 5-20　链队列示意图

链队列的基本操作包括构造函数、入队操作、出队操作、取队头元素、判空操作和析构函数。上述基本操作的实现本质就是单链表基本操作的简化，因此很容易实现上述操作的算法。

3. 循环队列与链队列的比较

实现循环队列和链队列所有基本操作的算法都只需要常数时间，而循环队列和链队的空间性能比较又与顺序栈和链栈的空间性能相似，所以这里不详细介绍。

在日常生活中，队列的例子有很多，如排队上车、银行中排队办理业务。假设银行具有 4 个窗口办理业务，客户从大厅进来后，选择人数最少的窗口排队，排在队头的人办理业务，办理完后出队，从大厅离开；在计算机中，操作系统请求打印机打印即时进程按队列结构组织排队并按“先来先服务”原则进行进程调度。排队使公共场所有了秩序，各项服务、工作有序、高效地运行，人们只有遵守法律法规，生活、生命安全才能得到保障。

4. 队列的操作

队列的基本操作包括创建队列、判队列空、求队列的长度、入队、出队、取队头元素和遍历，下面均用 C 语言中的函数表示。

(1) 创建队列

操作表示：CreatQueue( )

操作功能：建立一个空队列，返回栈名，例如 Q。

(2) 判队列空

操作表示：EmptyQueue(Q)

操作功能：判断 Q 是否为空队列，若是返回 1，否则返回 0。

(3) 求队列的长度

操作表示：LenQueue(Q)

操作功能：求队列 Q 中元素的个数 n，返回 n。

(4) 入队

操作表示：InsertQueue(Q,x)

操作功能：在队列 Q 中将值 x 插入队尾。若插入成功则返回 1，否则返回 0。

(5) 出队

操作表示：DeleteQueue(Q)

操作功能：从队列 Q 中删除队头元素，若删除成功则返回 1，否则返回 0。

(6) 取队头元素

操作表示：GetQueue(Q)

操作功能：读出队列 Q 中队头元素的值，若读出成功则返回值，否则返回 0。

(7) 遍历

操作表示：TraversalQueue(Q)

操作功能：打印队列中所有元素。若成功则返回 1，否则返回 0。

【例 5.3】 设队列结构表示如下：

Q：(a,b,c,d,e)

它是一个队列，请据此回答以下问题：

① 读出队头元素。

可用以下操作表示：

GetQueue(Q)

返回：a

表示队头元素值为 a。

② 求队列的长度。

可用以下操作表示：

LenQueue(Q)

返回：5

表示队列的长度为 5。

③ 在队列中出队两个元素，然后入队一个元素 f。

可用以下操作表示：

DeleteQueue(Q)

DeleteQueue(Q)

InsertQueue(Q,f)

TraversalQueue(Q)

经过上面操作后，原有队列中的数据变成下面所列的数据：

Q：(c,d,e,f)

5.3 树

5.3.1 树的基本概念与操作

在日常生活中，树的例子有很多。在家族谱系中，家族树就是一个典型的树状结构，从老祖宗开始，分支出不同的后代，每个后代又可以继续分支。学校的体系结构也可比喻成一棵树，学校由各个学院组成，而每个学院由好多系组成。在计算机文件系统中，目录和文件也构成了树状结构。

1. 树的定义

树是由 n（$n \geqslant 0$）个节点构成的有限集合。当 $n=0$ 时，称该树为空树。任何一棵非空树满足以下条件：

① 有且仅有一个特殊的称为根的节点。

② 当 $n>1$ 时，除根节点外的其余节点被分割成 m（$m>0$）个互不相交的有限集合 T_1，$T_2,\cdots,T_m$，其中每一个集合又是一棵树，分别称为这个根节点的子树。

显而易见，树的定义是递归的。

图 5-21（a）所示为一棵具有 10 个节点的树，$T=\{A,B,C,\cdots,I,J\}$，根节点为 A，共有三棵子树 $T_1=\{B,E,F,I\},T_2=\{C,G\},T_3=\{D,H,J\}$。子树 T_1 的根节点为 B，$T_{11}=\{E\}$ 和 $T_{12}=\{F,I\}$ 构成了 T_1 的两棵子树。依此类推，直到每棵子树只有一个根节点为止。

图 5-21（b）由于根节点 A 的两个集合之间存在交集，节点 E 既属于集合 T_1 又属于 T_2，所

以不是树；图 5-21（c）中根节点 A 的两个集合之间也存在交集，边（B,C）的两个节点分别属于根节点的 A 两个集合 T_1 和 T_2，所以也不是树。

2. 树的基本术语

（1）节点的度、树的度

该节点拥有的子树数目称为该节点的度；树中各节点度的最大值称为树的度。图 5-21（a）所示的树中，A 节点的度为 3，B 节点的度为 2，C 节点的度为 1，该树的度为 3。

（2）叶子节点、分支节点

度为 0 的节点称为叶子节点或终端节点；度不为 0 的节点称为分支节点或非终端节点。图 5-21（a）所示的树中，E、I、G、H、J 节点都是叶子节点；A、B、C、D、F 节点都是分支节点。

（3）孩子节点、双亲节点、兄弟节点

某节点的子树的根节点称为该节点的孩子节点，相应地，该节点称为其孩子节点的双亲节点；具有同一个双亲的孩子节点互称为兄弟节点。如图 5-21（a）所示的树中，节点 A 是节点 B、C、D 的双亲节点；B、C、D 是 A 的孩子节点；B、C、D 互称兄弟节点，节点 G 没有兄弟节点。

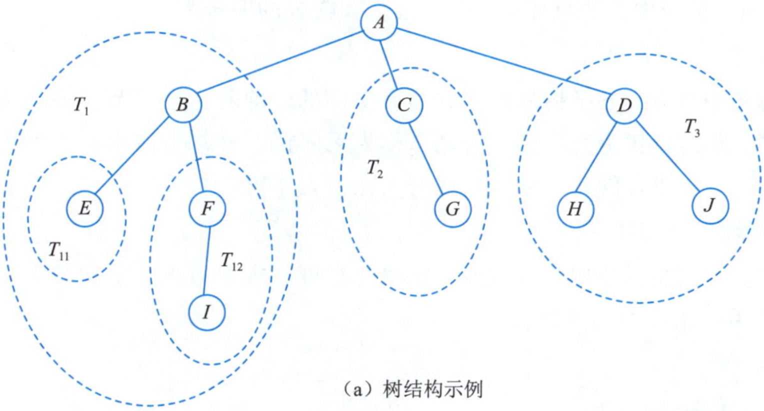

（a）树结构示例

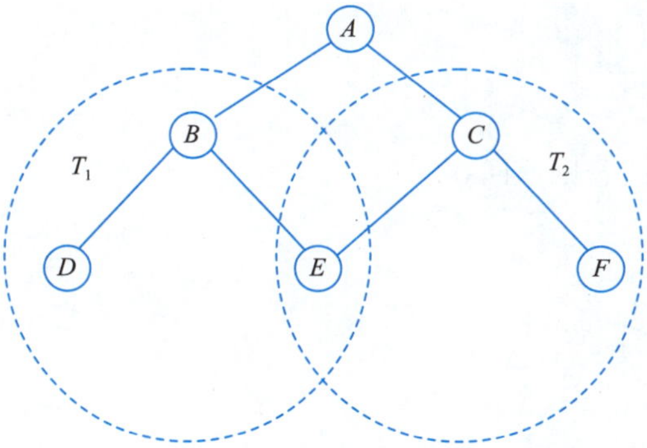

（b）非树结构示例1

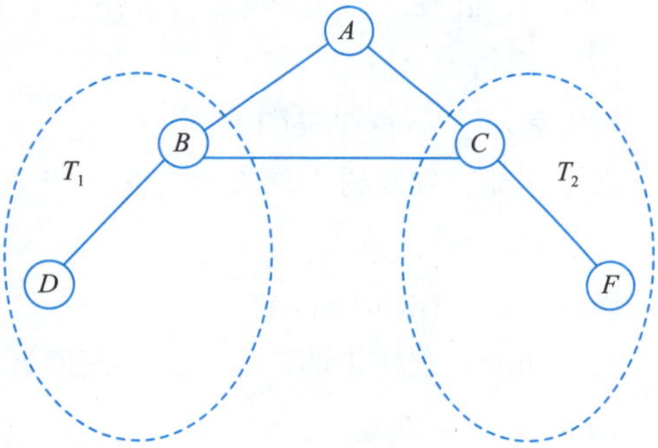

（c）非树结构示例2

图 5-21　树结构和非树结构的示意图

(4) 路径、路径长度

如果树的节点序列 $n_1, n_2, \cdots, n_k$ 满足如下关系：节点 n_i 是节点 n_{i+1} 的双亲（$1 \leqslant i < k$），则把 $n_1, n_2, \cdots, n_k$ 称为一条由 n_1 至 n_k 的路径；路径经过的边数称为路径长度。图 5-21（a）所示的树中，从节点 A 到节点 *I* 的路径是 *A*、*B*、*F* 和 *I*，路径长度为 3。

(5) 祖先、子孙

如果从节点 x 到节点 y 有一条路径，那么 x 就称为 y 的祖先，y 称为 x 的子孙。显然，以某节点为根的子树中的任何一节点都是该节点的子孙。图 5-21（a）所示的树中，节点 *A*、*B*、*F* 均为节点 *I* 的祖先，节点 *B* 的子孙为 *E*、*F*、*I*。

(6) 节点的层数、树的深度（高度）

一般规定根节点的层数为 1，对其余任何节点，若某节点在第 k 层，则其孩子节点在第 k+1 层；树中所有节点的最大层数称为树的深度或树的高度。图 5-21（a）所示的树中，节点 F 的层数是 3，树的深度为 4。

(7) 层序编号

将树中所有节点按照从上到下、从左到右的次序，用从 1 开始的连续自然数依次给它们编号，树的这种编号方式称为层序编号。显而易见，通过层序编号可以将一棵树变成线性序列。图 5-21（a）所示的树中，节点 *A* 的编号为 1，节点 E 的编号为 5。

(8) 有序树、无序数

如果一棵树中节点的各子树从左到右是有次序的，即若交换了节点各子树的相对位置，则构成不同的树，称这棵树为有序树；反之，称为无序树。日常生活中，一个家族的家谱构成的树，为有序树；一个单位的各个部分构成的树，为无序树。

3. 树的操作

树的基本操作包括创建树、判树空、求树的高度、求根节点、求父节点、求子节点和树的遍历。下面均用 C 语言中的函数表示。

(1) 创建树

操作表示：CreatTree( )

操作功能：建立一个空树，返回树名，例如 T。

(2) 判树空

操作表示：EmptyTree(T)

操作功能：判断树 T 是否为空树，若是返回 1，否则返回 0。

(3) 求树的高度

操作表示：HightTree(T)

操作功能：求树 T 的高度，返回高度数。

(4) 求根节点

操作表示：GetTreeRoot(T)

操作功能：求树 T 的根值。若成功则返回值，否则返回 0。

(5) 求父节点

操作表示：GetTreeParent(T,d)

操作功能：在树 T 中求节点为 d 的父节点值。若成功则返回值，否则返回 0。

(6) 求子节点

操作表示：GetTreeChild(T,d,i)

操作功能：在树 T 中求节点为 d 的第 i 个子节点值。若成功则返回值，否则返回 0。

(7) 树的遍历

操作表示：TraversalTree(T,Tag)

操作功能：遍历 T，返回遍历的节点序列，Tag=0、1 或 2 分别表示不同的遍历方式。

【例 5.4】 在图 5-21（a）树中找节点。要求：

① 找出 H 的父节点。

可用以下操作表示：

GetTreeParent(T,H)

返回：D

② 找出 B 的第二个子节点。

可用以下操作表示：

GetTreeChild(T,B,2)

返回：F

5.3.2　二叉树的基本概念与操作

二叉树是一种最简单的树结构，特别适合计算机处理，任何树都可以简单地转换为二叉树。所以，二叉树是研究重点。

1. 二叉树的定义及特点

二叉树是由 n（$n \geq 0$）个节点构成的有限集合。当 $n=0$ 时，称该树为空二叉树。任何一棵非空二叉树由一个根节点和两棵互不相交的左子树和右子树组成，如图 5-22 所示。

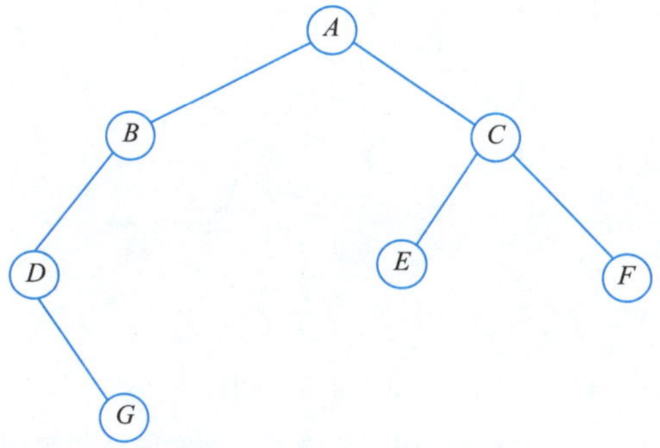

图 5-22　二叉树示意图

二叉树的特点如下：

① 每个节点最多有两棵子树，所以二叉树中不存在度大于 2 的节点。

② 二叉树是有序的，次序不能任意颠倒，即使树中的某个节点只有一棵子树，也是要区分左右子树。所以，二叉树和树是两种结构，如图 5-23 所示。

二叉树具有五种基本形式：①空二叉树；②只有一个根节点；③根节点只有左子树；④根节点只有右子树；⑤根节点既有左子树又有右子树，如图 5-24 所示。

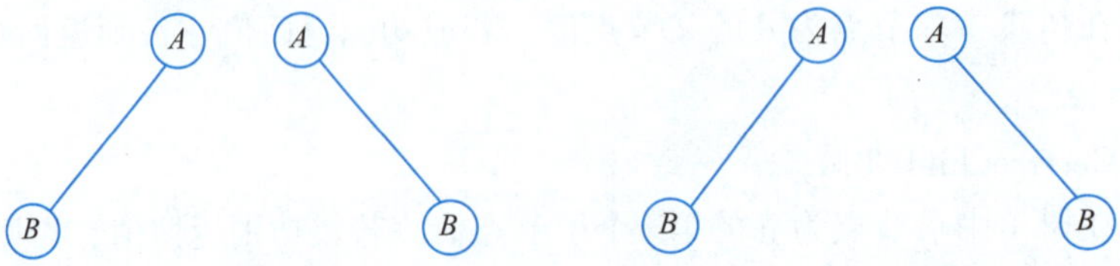

（a）左、右是两棵不同的二叉树　　（b）左、右是同一棵树

图 5-23　二叉树和树是两种树的示意图

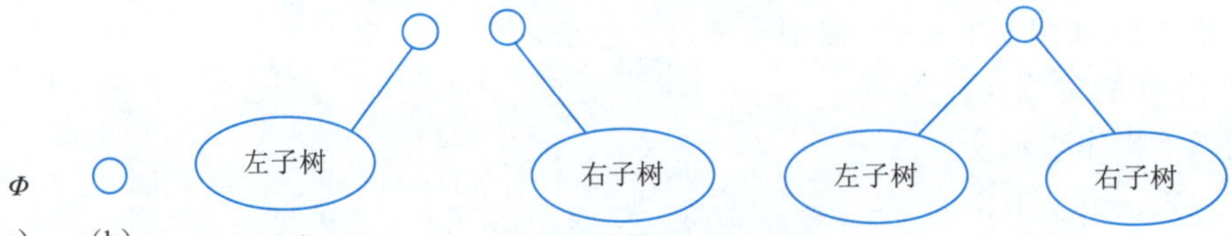

（a）　（b）　（c）　（d）　（e）

图 5-24　二叉树的五种基本形式

下面介绍两种特殊的二叉树：满二叉树和完全二叉树。

① 满二叉树：若一棵二叉树中，所有分支节点都存在左子树和右子树，所有叶子节点都在同一层上，这样的二叉树为满二叉树，如图 5-25（a）所示。图 5-25（b）不是满二叉树，因为虽然所有分支节点都存在左子树和右子树，但是所有叶子节点不在同一层上。满二叉树的特点：叶子节点只能出现在最下一层；只有度为 0 或者 2 的节点。

② 完全二叉树：若一棵二叉树具有 n 个节点，按层序编号，如果编号为 i（$1 \leqslant i \leqslant n$）的节点与同样深度的满二叉树中编号为 i 的节点在同一位置，这样的二叉树称为完全二叉树，如图 5-25（c）所示。显然，一棵满二叉树必定是一棵完全二叉树。完全二叉树的特点：叶子节点只能出现在最下两层，而且最下层的叶子节点都集中在二叉树左侧连续的位置；如果有度为 1 的节点，只可能有一个。

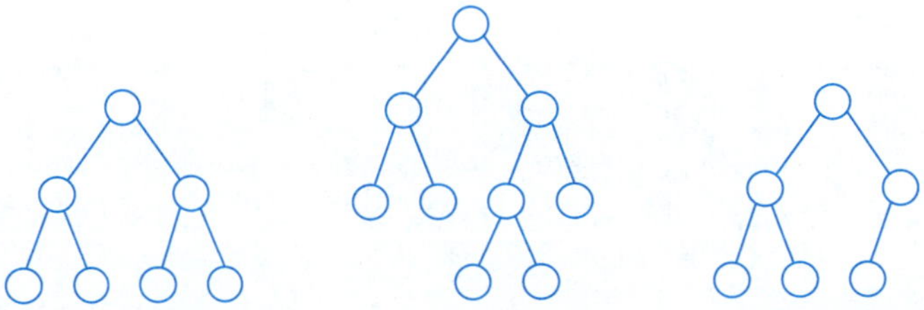

（a）满二叉树　　（b）非满二叉树　　（c）完全二叉树

图 5-25　满二叉树、非满二叉树和完全二叉树

视频

二叉树的性质

2. 二叉树的基本性质

性质 1：在二叉树第 i 层上至多有 2^{i-1} 个节点（$i \geqslant 1$）。

性质 2：深度为 k 的二叉树至多有 2^k-1 个节点（$k \geqslant 1$）。

性质 3：对任一棵二叉树，如果其终端节点数为 n_0，度为 2 的节点数为 n_2，则有 $n_0=n_2+1$。

性质 4：具有 n（$n>0$）个节点的完全二叉树的深度为 $\lfloor \log_2 n \rfloor+1$。

性质 5：如果对一棵有 n 个节点的完全二叉树的节点按层编序号，对任一节点 i（$1 \leq i \leq n$），有：

① 如果 $i=1$，则节点 i 是二叉树的根，无双亲；如果 $i>1$，则其双亲是节点 k，其中 k 是 $i/2$ 的整数部分。

② 如果 $2i>n$，则节点 i 无左孩子；否则其左孩子是节点 $2i$。

③ 如果 $2i+1>n$，则节点 i 无右孩子；否则其右孩子是节点 $2i+1$。

3. 二叉树的操作

按照一定的顺序（原则）对二叉树中每一个节点都访问一次且只能被访问一次，得到一个由该二叉树的所有节点组成的序列，这一过程称为二叉树的遍历。由于二叉树由根和左右子树三部分构成，因此，需要寻求一种规律和顺序来对二叉树进行遍历。常用的二叉树的遍历方法有前序遍历、中序遍历、后序遍历和按层次遍历四种。其中，前序遍历、中序遍历和后序遍历是以根作为参照的。

（1）前序遍历

原则：若被遍历的二叉树非空，则

① 访问根节点。

② 以前序遍历原则遍历根节点的左子树。

③ 以前序遍历原则遍历根节点的右子树。

根据前序遍历原则，图 5-26 所示二叉树的层次序列为：*A B D G C E F*。

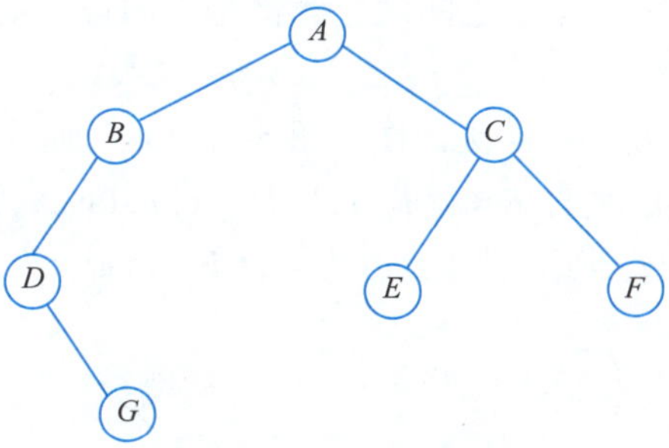

图 5-26　二叉树示意图

（2）中序遍历

原则：若被遍历的二叉树非空，则

① 以中序遍历原则遍历根节点的左子树。

② 访问根节点。

③ 以中序遍历原则遍历根节点的右子树。

根据中序遍历原则，图 5-26 所示二叉树的序列为：*D G B A E C F*。

（3）后序遍历

原则：若被遍历的二叉树非空，则

① 以后序遍历原则遍历根节点的左子树。

② 以后序遍历原则遍历根节点的右子树。

③ 访问根节点。

根据后序遍历原则，图 5-26 所示二叉树的序列为：*G D B E F C A*。

（4）按层次遍历

原则：从上到下从左到右依次访问二叉树中每一个节点。

根据层次遍历原则，图 5-26 所示二叉树的层次序列为：$A\ B\ C\ D\ E\ F\ G$。

5.4 图

5.4.1 图的基本概念

1. 图的定义

图是一种网状数据结构，它由一个非空的顶点集合和一个描述顶点之间关系的集合组成。其形式化的定义如下：

$$\text{Graph}=(V,E)$$
$$V=\{x \mid x\in\text{某个数据对象}\}$$
$$E=\{<u,v> \mid P(u,v)\wedge(u,v\in V)\}$$

其中，V 是具有相同特性的数据元素的集合。V 中的数据元素通常称为顶点。E 是两个顶点之间关系的集合。$P(u,v)$表示 u 和 v 之间有特定的关联属性。

若顶点 u 和 v 之间的边没有方向，则称这条边为无向边，用一个无序对(u,v)来表示；若顶点 u 和 v 之间的边有方向，则称这条边为有向边（也称为弧），用一个有序对$<u,v>$来表示，u 称为弧尾，v 称为弧头。如果图中顶点之间的连线都是无向边，则称该图为无向图，否则称该图为有向图。

例如，图 5-27（a）所示 G_1是一个无向图，图 5-27（b）所示 G_2是一个有向图。G_1的顶点集合 $V=\{v_1,v_2,v_3,v_4,v_5\}$，边的集合 $E=\{(v_1,v_2),(v_1,v_3),(v_2,v_4),(v_2,v_5),(v_3,v_4),(v_3,v_5),(v_4,v_5)\}$；$G_2$的顶点集合 $V=\{v_1,v_2,v_3,v_4\}$，边的集合 $E=\{\langle v_1,v_3\rangle,\langle v_2,v_1\rangle,\langle v_2,v_4\rangle,\langle v_4,v_3\rangle\}$。

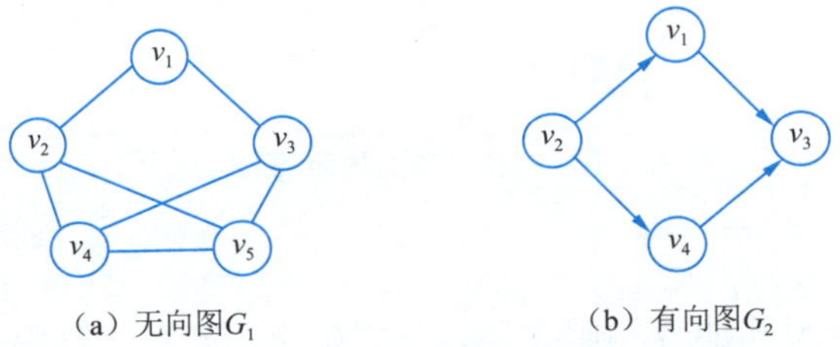

（a）无向图G_1　　（b）有向图G_2

图 5-27　图的示例

2. 图的基本术语

（1）无向完全图、有向完全图

在无向图中，如果任意两个顶点之间都有边相连，则称该图为无向完全图。含有 n 个顶点的无向完全图有 $n(n-1)/2$条边。

在有向图中，如果任意两个顶点之间都有弧相连，则称该图为有向完全图。含有 n 个顶点的有向完全图有 $n(n-1)$条弧。

（2）稠密图、稀疏图

边数很少的图称为稀疏图，反之边较多的图称为稠密图。稀疏图和稠密图经常是相对而言的。

(3) 顶点的度、入度、出度

在无向图中，顶点 v 的度是指依附于顶点 v 的边的个数，通常记为 $TD(v)$。如图 5-27（a）所示，$TD(v_1)=2$，$TD(v_2)=2$，$TD(v_3)=2$，$TD(v_4)=3$，$TD(v_5)=3$。

在有向图中，顶点的度等于顶点的入度与顶点的出度之和。顶点 v 的入度是指以该顶点 v 为弧头的弧的数目，记为 $ID(v)$。顶点 v 的出度是指以该顶点 v 为弧尾的弧的数目，记为 $OD(v)$，如图 5-27（b）所示。

$ID(v_1)=1, OD(v_1)=1$;

$ID(v_2)=0, OD(v_2)=2$;

$ID(v_3)=2, OD(v_3)=0$;

$ID(v_4)=1, OD(v_4)=1$。

(4) 权、网

在图中，权通常指对边或弧赋予数值量。在实际问题中，权可以表示具体含义。例如，对于铁路交通图，边上的权表示该条线路的长度或等级。对于工程进度图，弧上的权值表示从前一个工程到后一个工程所需要的时间等。边或弧上带权的图称为网或网络。图 5-28 所示为一个无向网。

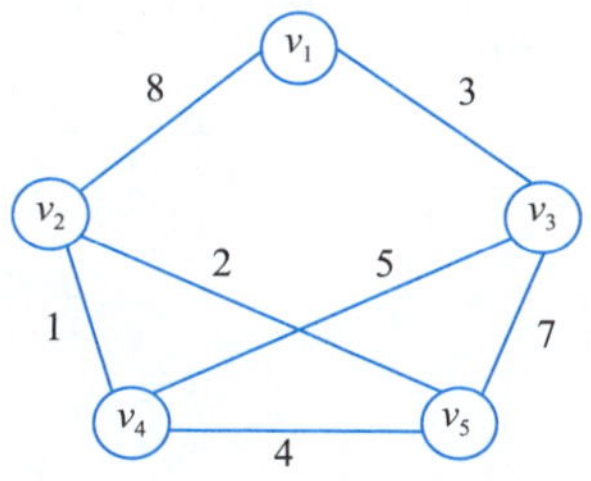

图 5-28　一个无向网

(5) 路径、路径长度

在无向图 G 中，若存在一个顶点序列 $v_p, v_{i1}, v_{i2}, \cdots, v_{im}, v_q$，使得 $(v_p, v_{i1}), (v_{i1}, v_{i2}), \cdots, (v_{im}, v_q)$ 均属于 $E(G)$，则称顶点 v_p 到 v_q 存在一条路径；如果 G 为有向图，则弧 $<v_p, v_{i1}>, <v_{i1}, v_{i2}>, \cdots, <v_{im}, v_q>$ 均属于 $E(G)$。路径上边或弧的数目称为路径长度。

(6) 简单路径、简单回路

在一条路径上顶点不重复出现的路径称为简单路径。除了第一个顶点和最后一个顶点相同，其余顶点都不重复出现的回路称为简单回路。

5.4.2 图的存储与操作

1. 图的存储

图是一种复杂的数据结构，顶点之间的逻辑关系——邻接关系错综复杂。从图的定义可知，一个图包含顶点和边两部分信息，因此图的存储一定要完整、准确地反映这两方面的信息。

图的邻接矩阵存储使用数组来实现，也称为数组表示法。它采用两个数组来表示图，其中一维数组是用于存储图中顶点信息；二维数组存储图中边的信息（即各顶点之间邻接关系），这个二维数组称为邻接矩阵。

设 $G=(V,E)$ 是一个图，有 n 个顶点，则邻接矩阵是一个 $n \times n$ 的方阵，定义为

$$A[i][j]=\begin{cases}1 & 若(u,v)\in E 或<u,v>\in E\\ 0 & 否则\end{cases}$$

一个无向图及其邻接矩阵如图 5-29 所示。

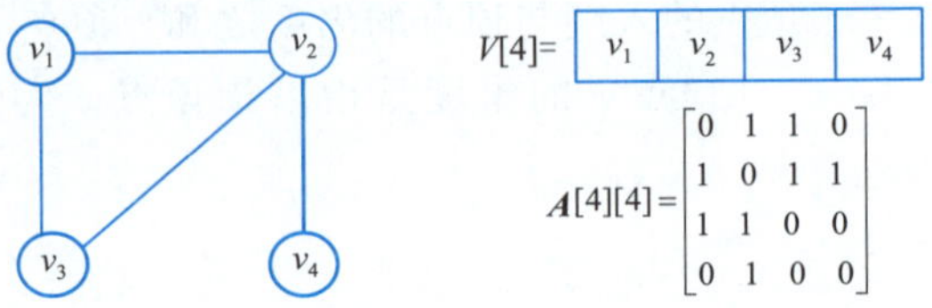

（a）无向图　　　　（b）邻接矩阵存储示意图

图 5-29　无向图及其邻接矩阵存储示意图

若 G 是一个网图，则邻接矩阵定义为

$$A[i][j]=\begin{cases}\omega_{ij} & 若(u,v)\in E 或<u,v>\in E\\ 0 & 若 i=j\\ \infty & 否则\end{cases}$$

其中，ω_{ij}表示边(u,v)或者弧$<u,v>$上的权值；∞ 表示计算机允许的、大于所有边上权值的数。

一个有向网及其邻接矩阵如图 5-30 所示。

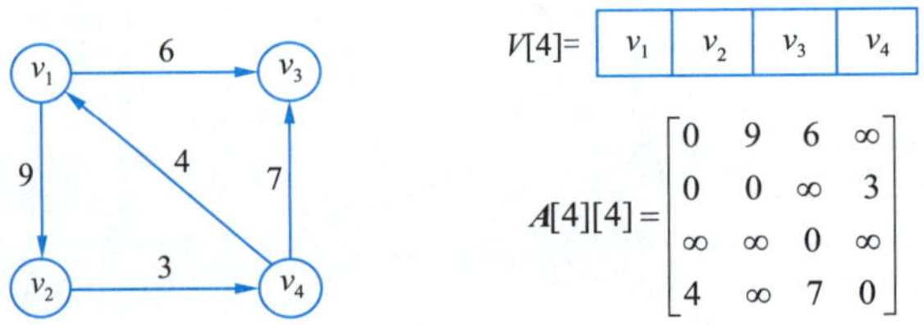

（a）有向网图　　　　（b）邻接矩阵存储示意图

图 5-30　有向网图及其邻接矩阵存储示意

显然，无向图的邻接矩阵一定是对称矩阵，而有向图的邻接矩阵则不一定对称。

通过邻接矩阵确定图中任意两个顶点之间是否有边相连很容易，但要确定图中的边数，则必须按行、按列对每个元素进行检测，时间代价花费很大。从空间上看，不论顶点 u、v 之间是否存在一条边，在邻接矩阵中都要分配存储空间。因为每条边所需的存储空间为常数，所以邻接矩阵需要占用 $O(n^2)$ 的空间，效率较低。具体来说，邻接矩阵的不足主要表现在两方面：

① 尽管由 n 个顶点构成的图中最多可以有 n^2 条边，但是在大多数情况下，边的数目远远达不到这个量级，因此邻接矩阵中大多数存储单元都处于闲置状态。

② 矩阵结构是静态的，其存储空间 n 需要预估，然后创建 $n\times n$ 的矩阵。然而，图的规模往往是动态变化的，n 的估计过大会造成存储空间浪费；反之，会出现存储空间不足。

2. 图的操作

图的基本操作包括创建图、查找节点、查找邻接节点、求有向图节点的度、求无向图节点的度、插入节点、删除节点、删除边和插入边。下面均用 C 语言中的函数表示。

(1) 创建图

操作表示：CreatGraph(G,V,E)

操作功能：建立一个由节点集 V 与边集 E 所组成的图 G。

(2) 查找节点

操作表示：LocateNode(G,x)

操作功能：在图 G 中查找值为 x 的节点。成功则返回节点名，否则返回 0。

(3) 查找邻接节点

操作表示：LocateAdjnode(G,n)

操作功能：在图 G 中查找节点 n 的所有邻接节点。成功则返回节点名，否则返回 0。

(4) 求有向图节点的度

操作表示：GetDegOfDig(G,n,tag)

操作功能：在图 G 中节点 n 的入度（tag=0）、出度（tag=1）及度（tag=2）。成功则返回度，否则返回 0。

(5) 求无向图节点的度

操作表示：GetDegOfUndig(G,n)

操作功能：在图 G 中节点 n 的度。成功则返回度，否则返回 0。

(6) 插入节点

操作表示：InsertNode(G,x,n)

操作功能：在图 G 中插入一个值为 x 的新节点 n。若成功则返回 1，否则返回 0。

(7) 删除节点

操作表示：DeleteNode(G,n)

操作功能：在图 G 中删除节点 n 及相关联的边。若成功则返回 1，否则返回 0。

(8) 删除边

操作表示：DeleteEdge(G,u,v)

操作功能：在图 G 中删除节点 u 与 v 间的边。若删除成功则返回 1，否则返回 0。

(9) 插入边

操作表示：InsertEdge(G,u,v,tag)

操作功能：在图 G 中添加一条节点 u 到 v 的边。当 tag=1 时为无向图，tag=0 时为有向图，若插入成功则返回 1，否则返回 0。

【例 5.5】 在图 5-31 所示的航线图中增加一个新航点“沈阳”并新增航线“呼和浩特市—沈阳”

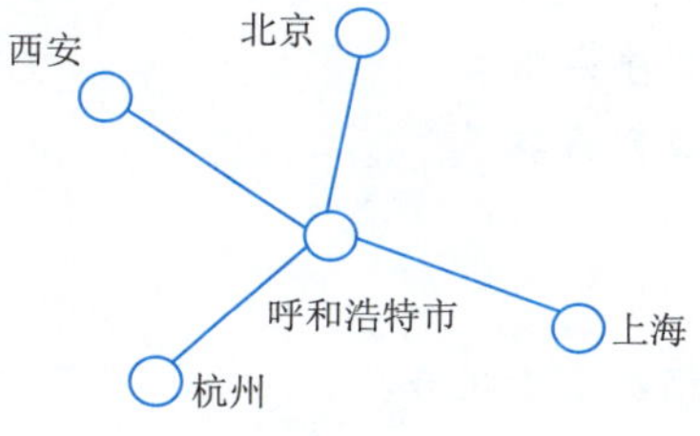

（a）插入前

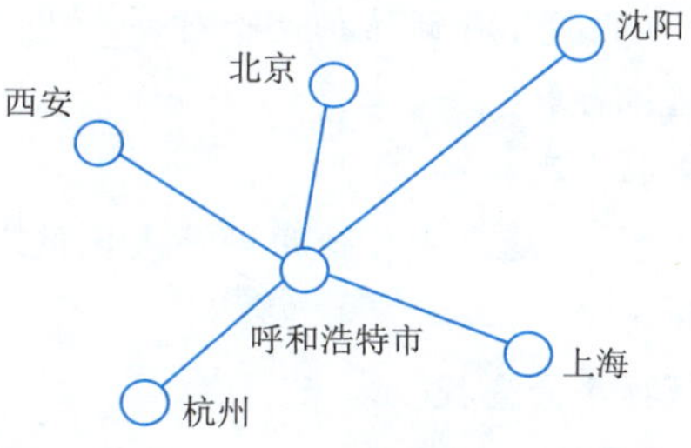

（b）插入后

图 5-31　航线图

可用下面的操作实现：

InsertNode(G,'沈阳',6)

InsertEdge(G,'呼和浩特市','沈阳',0)

在日常生活中，图的例子有很多。例如，设计一个校园导游咨询系统，所含景点不少于10个，不大于20个。以图中顶点表示学校各景点，存放景点名称、代号、简介等信息；以边表示路径、存放路径长度等相关信息。咨询系统为访客人提供图中任意景点的问路查询，即查询任意两个景点之间的一条最短的简单路径，也可以为访客提供图中任意景点的相关信息的查询。

小结

本章主要介绍了数据的逻辑结构和存储结构；线性表、栈、队列等线性结构的定义、存储结构及操作；树、二叉树的定义、性质及操作；图的定义及操作等内容。通过学习本章，读者能够根据实际应用中对数据处理的要求，为数据选择合适的逻辑结构和存储结构，选择较好的数据处理方法。

习题 5

一、单项选择题

1. 线性表是________。

A. 一个有限序列，可以为空　　B. 一个有限序列，不可以为空

C. 一个无限序列，可以为空　　D. 一个无限序列，不可以为空

2. 线性表采用链式存储时，其地址________。

A. 必须是连续的　　B. 一定是不连续的

C. 部分地址必须是连续的　　D. 连续与否均可以

3. 以下关于线性表的说法不正确的是________。

A. 线性表中的数据元素可以是数字、字符、记录等不同类型

B. 线性表中包含的数据元素个数不是任意的

C. 线性表中的每个节点都有且只有一个直接前驱和直接后继

D. 存在这样的线性表：表中各节点都没有直接前驱和直接后继

4. 线性表的顺序存储结构是一种________的存储结构。

A. 随机存取　　B. 顺序存取

C. 索引存取　　D. 散列存取

5. 在________运算中，使用顺序表比链表好。

A. 插入　　B. 删除

C. 根据序号查找　　D. 根据元素值查找

6. 链表不具有的特点是________。

A. 可随机访问任一元素　　B. 插入、删除不需要移动元素

C. 不必事先预估存储空间　　D. 所需空间与线性长度成正比

7. 设计一个表达式中左右括号是否配对的算法，采用________数据结构最佳。

A. 顺序表　　B. 栈　　C. 队列　　D. 链表

8. 在解决计算机主机与打印机之间速度不匹配问题时通常设置一个打印缓冲区，该缓冲区应该是一个________结构。

A. 栈　　B. 队列　　C. 数组　　D. 线性表

9. 栈和队列的主要区别在于________。

A. 它们的逻辑结构不一样　　B. 它们的存储结构不一样

C. 所包含的运输不一样　　D. 插入、删除运算的限定不一样

10. 二叉树是非线性数据结构，所以________。

A. 它不能用顺序存储结构存储

B. 它不能用链式存储结构存储

C. 顺序存储结构和链式存储结构都能存储

D. 顺序存储结构和链式存储结构都不能存储

11. 深度优先遍历类似于二叉树的________。

A. 前序遍历　　B. 中序遍历

C. 后序遍历　　D. 层序遍历

12. 广度优先遍历类似于二叉树的________。

A. 前序遍历　　B. 中序遍历

C. 后序遍历　　D. 层序遍历

13. 数据结构作为计算机的一门学科、主要研究数据的逻辑结构、对各种数据结构进行的运算，以及________。

A. 数据的存储结构　　B. 计算方法

C. 数据映像　　D. 逻辑存储

二、判断题

1. 线性表的逻辑顺序和存储顺序总是一致的。（　）

2. 线性表的顺序存储结构优于链式存储结构。（　）

3. 线性结构的基本特征是：每个元素有且仅有一个直接前驱和一个直接后继。（　）

4. 在单链表中，要取得某个元素，只要知道该元素所在节点的地址即可，因此单链表是随机存取结构。（　）

5. 数据元素是数据的最小单位。（　）

6. 顺序存储方式插入和删除时，效率太低，因此它不如链式存储方式好。（　）

7. 在栈满的情况下不能做进栈操作，否则将产生“上溢”。（　）

8. 栈中只有栈底元素不能被删除。（　）

9. 栈和队列逻辑上都是线性的。（　）

10. 若一个栈为空，则可以不用栈顶指针。（　）

11. 二叉树是度为 2 的树。（　）

12. 完全二叉树中，若一个节点没有左孩子，则它必是叶子节点。（　）

13. 完全二叉树一定存在度为 1 的节点。（　）

14. 有向图是一种非数据结构。（　）

三、简答题

1. 什么是数据结构？请给出它的定义。
2. 请说明顺序表的优缺点。
3. 请说明单链表的优缺点。
4. 什么是栈？什么是队列？
5. 树和二叉树之间有什么区别与联系？
6. 什么是满二叉树？什么是完全二叉树？
7. 什么是有向图？什么是无向图？

第6章

计算机网络

引言

计算机网络是计算机技术和通信技术紧密结合的产物，它的诞生使计算机体系结构发生了巨大变化，在当今社会经济中起着非常重要的作用，对人类社会的进步做出了巨大贡献。本章主要介绍计算机网络的基本概念、组成和分类，因特网、移动通信技术和物联网。

内容结构图

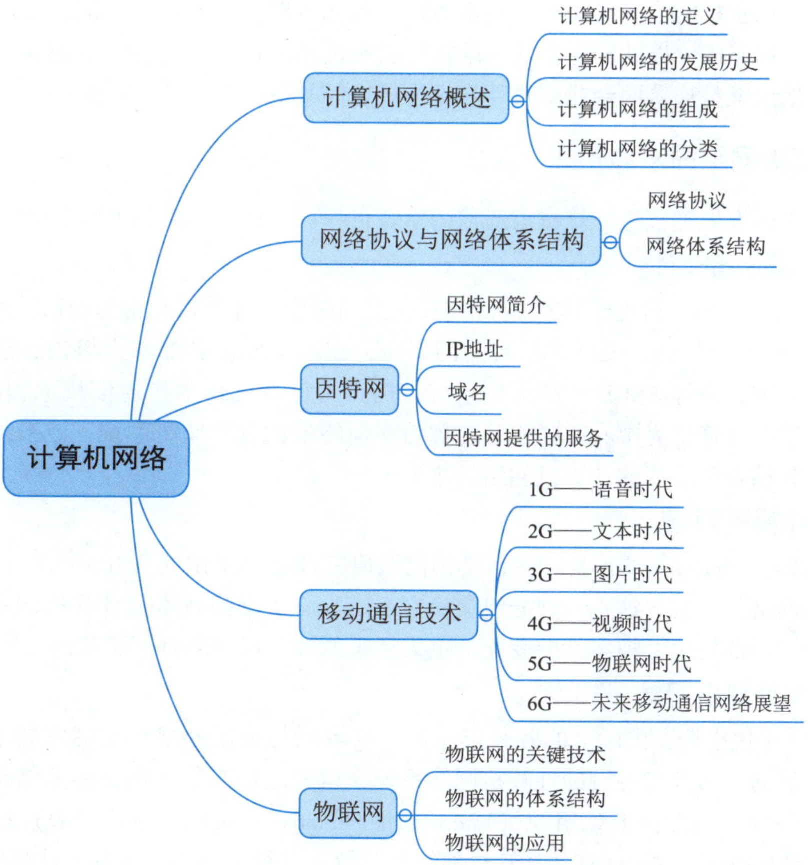

学习目标

① 了解计算机网络的定义和发展历史。
② 掌握计算机网络的组成和分类。
③ 掌握 IP 地址的表示方法和域名的层次表示法，理解 TCP/IP 四层体系结构。
④ 了解移动通信技术、物联网的关键技术和应用，理解物联网的体系结构。

素养目标

共享单车随意停放，严重影响市容，受到市民的投诉，但是当共享单车和北斗合作后，这一问题完美解决。勤思笃行、迎刃而解。

6.1 计算机网络概述

6.1.1 计算机网络的定义

在计算机网络发展过程的不同阶段，人们对计算机网络提出了不同的定义，反映了当时网络技术发展的水平，以及人们对网络的认识程度。

目前采用的计算机网络的定义是，利用通信设备和线路将地理位置不同的、功能独立的多个计算机系统连接起来，以功能完善的网络软件实现网络的硬件、软件及资源共享和信息传递的系统。简单地说就是连接两台或多台计算机进行通信的系统。

6.1.2 计算机网络的发展历史

计算机网络的发展过程是计算机与通信的融合过程，大致经历了如下四个阶段。

1. 计算机网络的形成

1946 年，世界上第一台电子计算机 ENIAC 在美国诞生，计算机技术与通信技术并没有直接的联系。20 世纪 50 年代初，美国为了自身的安全，在本土北部和加拿大境内，建立了一个半自动地面防空系统，简称 SAGE（赛其）系统，进行了计算机技术与通信技术相结合的尝试。人们把这种以单个计算机为中心的联机系统称为面向终端的远程联机系统，该系统是计算机技术与通信技术相结合而形成的计算机网络的雏形。

2. 初级计算机网络

1969 年 12 月，Internet 的前身——由美国高级研究计划署研制的 ARPANET 开始投入运行，标志着计算机网络的兴起。这是一种分组交换网系统。分组交换技术使计算机网络的概念、结构和网络设计方面都发生了根本性的变化，也为后来的计算机网络打下了基础。

3. 标准化计算机网络

20 世纪 70 年代中期，国际上的各种广域网、局域网与公用分组交换网发展十分迅速，各个计算机生产厂商纷纷开发各自的计算机网络系统，但随之而来的是网络体系结构与网络协议的国际标准化问题。国际标准化组织（International Standards Organization，ISO）提出了开放系统互连参考模型与协议。这一时期的计算机网络是开放式计算机网络，所有的计算机网络和通信设备都遵循着公认的国际标准，从而可以保证不同厂商的网络产品在同一网络中顺利地进行通信。

4. 新一代计算机网络

20 世纪 90 年代，计算机网络开始向全球互联、高速和智能化的方向发展。以美国为核心的高速计算机互联网络 Internet 形成，作为国际性的网络与大型信息系统，在当今经济、文化、科学研究、教育与人类社会生活等方面发挥着越来越重要的作用。宽带网络技术的发展，为社会信息化提供了技术基础，网络与信息安全技术为网络应用提供了重要的安全保障。

6.1.3 计算机网络的组成

由计算机网络的定义可知，计算机网络至少由网络设备、通信线路及网络软件三部分组成。

1. 网络设备

网络设备是连接到网络中的物理实体。基本的网络设备有计算机（客户机、服务器）、网卡、集线器、交换机、网桥、路由器、网关、无线接入点、调制解调器和中继器等。

（1）计算机

计算机包括客户机和服务器。客户机是为网上用户提供服务的计算机，可以单独使用或联网使用，也称网络工作站，或网络节点。服务器是为客户提供服务的计算机，具有较高的运算速度和较大的存储容量，存放了大量的软件资源供客户机共享。客户机通过局域网与服务器相连，接收用户的请求，并通过网络向服务器提出请求。服务器接收客户机的请求，将数据提交给客户机，客户机将数据进行计算并将结果呈现给用户。

（2）网卡

网卡也称网络适配器，是计算机之间实现通信的必不可少的接口，如图 6-1 所示。它一端插入计算机主板的扩展槽中，另一端与电缆相连。每一个网卡都有一个称为 MAC 地址的独一无二的 48 位串行号，写在卡上的一块只读存储器（ROM）中。在网络上的每一台计算机都必须拥有一个独一无二的 MAC 地址。

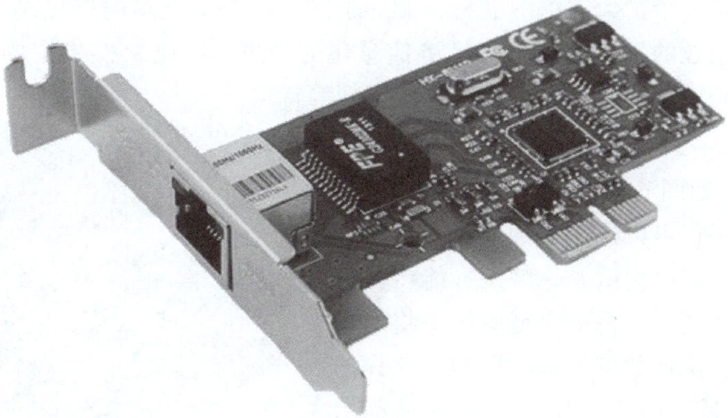

图 6-1　网卡

（3）集线器

集线器（hub）的主要功能是对接收到的信号进行再生整形放大，以扩大网络的传输距离，同时把所有节点集中在以它为中心的节点上，如图 6-2 所示。

图 6-2 集线器

集线器属于纯硬件网络底层设备，发送数据时采用广播方式发送。也就是说，当它要向某节点发送数据时，不是直接把数据发送到目的节点，而是把数据包发送到与集线器相连的所有节点。

集线器是一个多端口的转发器，当以集线器为中心设备时，网络中某条线路产生了故障，并不影响其他线路的工作，所以集线器在局域网中得到了广泛应用。

(4) 交换机

交换机（switch）是一种用于电（光）信号转发的网络设备，如图 6-3 所示。

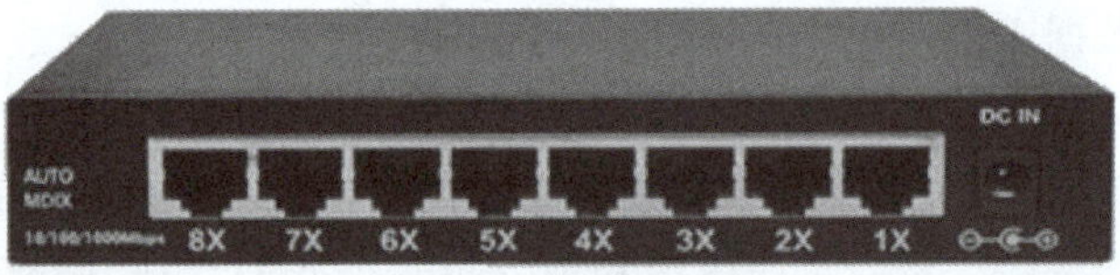

图 6-3 交换机

交换机有多个端口，每个端口都具有桥接功能，可以连接一个局域网或一台高性能服务器或工作站。交换机是一个扩大网络的器材，能为子网络中提供更多的连接端口，以便连接更多的计算机。随着通信业的发展以及国民经济信息化的推进，网络交换机市场呈稳步上升态势。它具有性价比高、高度灵活、相对简单和易于实现等特点。

(5) 网桥

网桥（bridge）如图 6-4 所示，它包含了中继器的功能和特性，不仅可以连接多种介质，还能连接不同的物理分支，如以太网和令牌网，能将数据包在更大的范围内传送。网桥的典型应用是将局域网分段成子网，从而降低数据传输的瓶颈，这样的网桥称为“本地”桥。用于广域网上的网桥称为做“远地”桥。两种类型的桥执行同样的功能，只是所用的网络接口不同。

图 6-4 网桥

(6) 路由器

路由器（router）通过在相对独立的网络中交换具体协议的信息来实现在多个网络上交换和路由数据包。比起网桥，路由器不但能过滤和分隔网络信息流、连接网络分支，还能访问数据包中更多的信息，并且用来提高数据包的传输效率。

路由表包含有网络地址、连接信息、路径信息和路由开销等。

路由器比网桥慢，主要用于广域网或广域网与局域网的互联，如图 6-5 所示。

(7) 网关

网关（gateway）又称网间连接器、协议转换器，是复杂的网络互联设备，如图 6-6 所示。网关既可用于广域网互联，也可用于局域网互联，是一种充当转换重任的计算机系统或设备。网关也是一个翻译器，使用在不同的通信协议、数据格式或语言，甚至体系结构完全不同的两种系统之间。

图 6-5　路由器

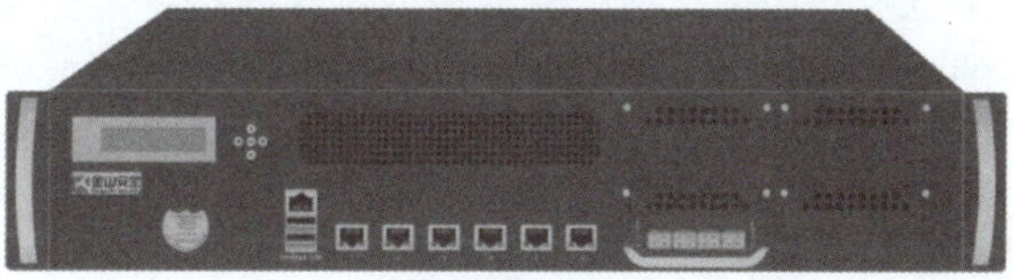

图 6-6　网关

(8) 无线接入点

无线接入点（wireless access point）是一个无线网络的接入点，俗称“热点”，如图 6-7 所示。它主要有路由交换接入一体设备和纯接入点设备。一体设备执行接入和路由工作；纯接入设备只负责无线客户端的接入。纯接入设备通常作为无线网络扩展使用，与其他接入点或者主接入点连接，以扩大无线覆盖范围；而一体设备一般是无线网络的核心。

(9) 调制解调器

调制解调器（见图 6-8）是调制器和解调器的缩写，是一种计算机硬件，能把计算机的数字信号翻译成可沿普通电话线传送的模拟信号，而这些模拟信号又可被线路另一端的另一个调制解调器接收，并译成计算机可操作的语言。这一简单过程完成了两台计算机间的通信。

图 6-7　无线接入点

图 6-8　调制解调器

(10) 中继器

中继器（repeater）是连接网络线路的一种装置，常用于两个网络节点之间物理信号的双向转发工作，如图 6-9 所示。中继器主要完成物理层的功能，负责在两个节点的物理层上按位传递信息，完成信号的复制、调整和放大功能，以此来延长网络的长度。由于存在损耗，在线路上传输的信号功率会逐渐衰减，衰减到一定程度时将造成信号失真，因此会导致接收错误。中继器就是为解决这一问题而设计的。它完成物理线路的连接，对衰减的信号进行放大，保持与原数据相同。一般情况下，中继器的两端连接的是相同的媒体，但有的中继器也可以完成不同媒体的转接工作。

2. 通信线路

通信线路是指计算机网络的信息传输介质，常用的传输介质分为有线介质和无线介质。

常见的有线介质有双绞线、同轴电缆和光缆，常用的无线介质有微波、无线电波、红外线、卫星和激光等。

双绞线（twisted pair，TP）是一种综合布线工程中最常用的传输介质，是由两根具有绝缘保护层的铜导线组成的。双绞线一般由两根 22~26 号绝缘铜导线相互缠绕而成，“双绞线”的名字也由此而来。把两根绝缘的铜导线按一定密度互相绞在一起，每一根导线在传输中辐射出来的电波会被另一根线上发出的电波抵消，有效降低信号干扰的程度。

实际使用时，多对双绞线一起包在一个绝缘电缆套管里。如果把一对或多对双绞线放在一个绝缘套管中便成了双绞线电缆，但日常生活中一般把“双绞线电缆”直接称为“双绞线”，如图 6-10 所示。

图 6-9　中继器

图 6-10　双绞线

与其他传输介质相比，双绞线在传输距离、信道宽度和数据传输速度等方面均受到一定限制，但价格比较低廉。

同轴电缆（coaxial cable）是指有两个同心导体，而导体和屏蔽层又共用同一轴芯的电缆。最常见的同轴电缆由绝缘材料隔离的铜线导体组成，在里层绝缘材料的外部是另一层环形导体及其绝缘体，然后整个电缆由聚氯乙烯或特氟纶材料的护套包住，如图 6-11 所示。

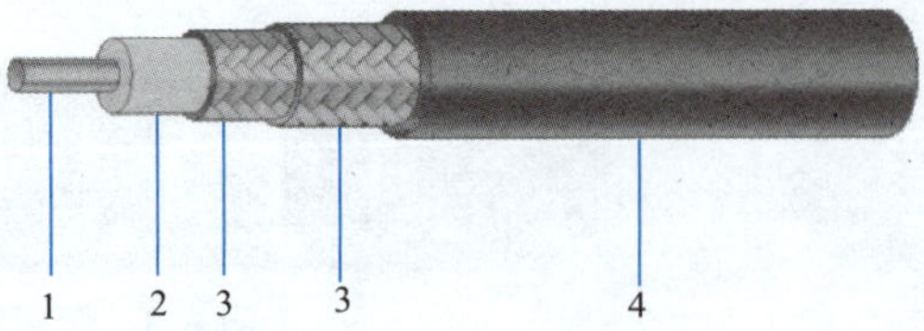

1—里层导体；2—里层绝缘材料；3—外层环形导体；4—外层绝缘体。

图 6-11　同轴电缆

同轴电缆被电视公司用于电视用户和社区天线之间，也可以被电话公司使用，也被广泛使用在企业内部网和以太网中。许多电缆或许多对电缆可以被放进同一个绝缘皮内，加上放大器，它可以传输信号到很远的地方。

光缆主要是由光导纤维（细如头发的玻璃丝）和塑料保护套管及塑料外皮构成，用以实现光信号传输的一种通信线路，如图 6-12 所示。光缆一般由缆芯、加强钢丝、填充物和护套等几部分组成，另外根据需要还有防水层、缓冲层、绝缘金属导线等构件。

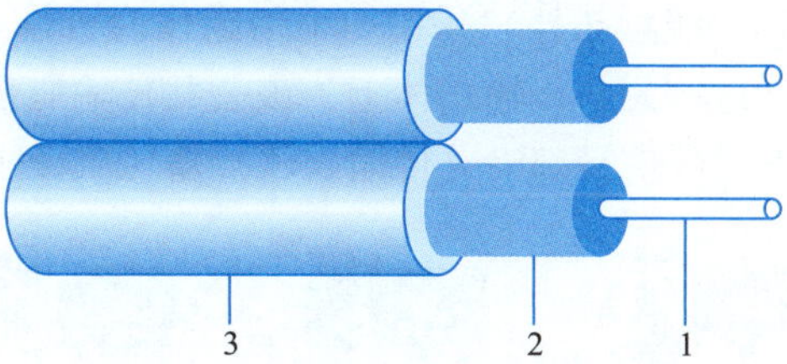

1—光导纤维；2—塑料保护套管；3—塑料皮。

图 6-12　光缆

3. 网络软件

构建一个网络，除了硬件设备外，还需要网络软件，包括网络通信协议、网络操作系统以及网络应用软件等。网络通信协议是指计算机通信双方必须遵循的一组规范。常见的协议有 TCP/IP 协议、HTTP 协议等。网络操作系统一般具有网络资源管理功能，提供网络互联和可靠的数据传输。常见的网络操作系统有 UNIX、Novell、Windows Server、Linux 等。网络应用软件提供各种网络应用，如财务系统、自动化办公系统、网络运维系统等。

6.1.4　计算机网络的分类

根据分类标准不同，计算机网络的分类方式繁多，常见的有以下几种。

1. 按地理范围分类

按照覆盖的地理范围进行分类，计算机网络可以分为局域网、城域网和广域网三类。

（1）局域网

局域网（local area network，LAN）是一种在小区域内使用，由多台计算机组成的网络，覆盖范围通常局限在 10 km 范围之内，属于一个单位或部门组建的小范围网。例如，内蒙古农业大学计算机学院的每一个机房里的计算机构成了一个小型的局域网，计算机学院整个楼里的所有计算机构成了一个较大的局域网；内蒙古农业大学三个校区的所有计算机构成了一个更大的局域网，即校园网，所有连接到校园网的计算机之间都可以共享资源、互相通信。

（2）城域网

城域网（metropolitan area network，MAN）是作用范围在广域网与局域网之间的网络，其网络覆盖范围通常可以延伸到整个城市，不仅局域网内的资源可以共享，局域网之间的资源也可以共享。例如，呼和浩特市互联的所有计算机构成了城域网。

（3）广域网

广域网（wide area network，WAN）是一种远程网，涉及长距离通信，覆盖范围可以是一个国家或多个国家，甚至整个世界。全球范围互联在一起的计算机构成了一个最大的广域网，即因特网。

2. 按拓扑结构分类

计算机网络的拓扑结构，是指网上计算机或设备与传输媒介形成的节点与线的物理构成模式。网络的节点有两类：一类是转换和交换信息的转接节点，包括节点交换机、集线器和终端控制器等；另一类是访问节点，包括计算机主机和终端等。线则代表各种传输媒介，包括有形的和无形的。

根据计算机网络的拓扑结构，计算机网络分为总线、星状、环状、树状、网状和混合型。

视频 总线拓扑

(1) 总线拓扑

总线拓扑（又称总线型拓扑）采用一个信道作为传输媒体，所有站点都通过相应的硬件接口直接连到这一公共传输媒体上，该公共传输媒体即称为总线，如图 6-13 所示。任何一个站点发送的信号都沿着传输媒体传播，而且能被所有其他站点所接收。

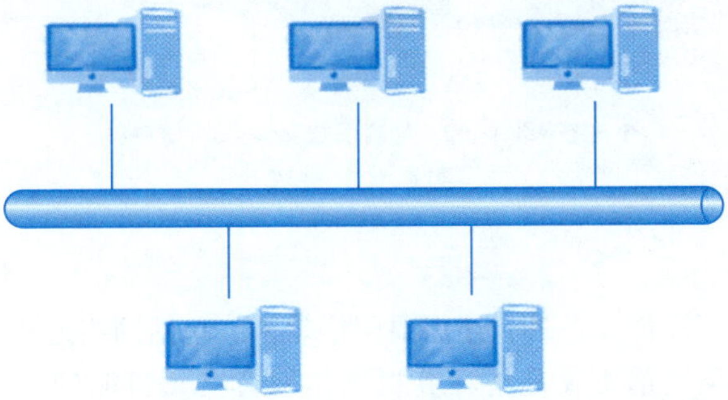

图 6-13　总线拓扑

因为所有站点共享一条公用的传输信道，所以一次只能由一个设备传输信号。通常采用分布式控制策略来确定哪个站点可以发送。发送时，发送站将报文分组，然后逐个依次发送这些分组，有时还要与其他站点来的分组交替地在媒体上传输。当分组经过各站点时，其中的目的站点会识别到分组所携带的目的地址，然后复制这些分组的内容。

总线拓扑结构的优点：

① 所需要的电缆数量少，线缆长度短，易于布线和维护。

② 总线结构简单，有较高的可靠性。

③ 传输速率高，可达 1~100 Mbit/s。

④ 易于扩充，增加或减少用户比较方便。

⑤ 多个节点共用一条传输信道，信道利用率高。

总线拓扑结构的缺点：

① 总线的传输距离有限，通信范围受到限制。

② 故障诊断和隔离比较困难。

③ 分布式协议不能保证信息的及时传送，不具有实时功能。站点必须是智能的，要有媒体访问控制功能，从而增加了站点的硬件和软件开销。

视频 星状拓扑

(2) 星状拓扑

星状拓扑（又称星形拓扑）由中央节点和通过点到点通信链路连接到中央节点的各个站点组成，如图 6-14 所示。中央节点执行集中式通信控制策略，因此相当复杂，而各个站点的通信处理负担都很小。这种结构一旦建立了通道连接，就可以无延迟地在连通的两个站点之间传送数据。

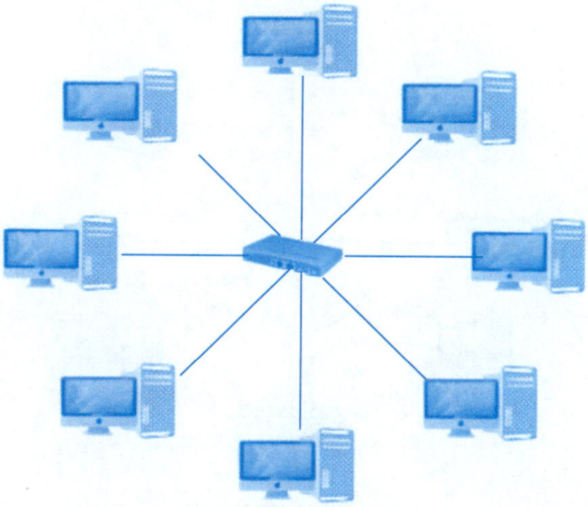

图 6-14　星状拓扑

星状拓扑结构的优点：

① 结构简单，连接方便，管理和维护都相对容易，而且扩展性强。

② 网络延迟时间较小，传输误差小。

③ 在同一网段内支持多种传输介质，除非中央节点出现故障，否则网络不会轻易瘫痪。

④ 每个节点直接连到中央节点，故障容易检测和隔离，可以很方便地排除有故障的节点。

因此，星状网络拓扑结构是应用最广泛的一种网络拓扑结构。

星状拓扑结构的缺点：

① 安装和维护的费用较高。

② 共享资源的能力较差。

③ 一条通信线路只被该线路上的中央节点和边缘节点使用，通信线路利用率不高。

④ 对中央节点要求相当高，一旦中央节点出现故障，则整个网络将瘫痪。

星状拓扑结构广泛应用于网络的智能集中于中央节点的场合。从趋势看，计算机的发展已从集中的主机系统发展到大量功能很强的微型机和工作站，在这种形势下，传统的星状拓扑的使用会有所减少。

（3）环状拓扑

在环状拓扑（又称环形拓扑）中各节点通过环路接口连在一条首尾相连的闭合环状通信线路中，如图 6-15 所示。环路上任何节点均可以请求发送信息，请求一旦被批准，便可以向环路发送信息，环状网中的数据可以是单向传输，也可是双向传输。由于环线公用，一个节点发出的信息必须穿越环中所有的环路接口，信息流中目的地址与环上某节点地址相符时，信息被该节点的环路接口所接收，而后信息继续流向下一环路接口，一直流回到发送该信息的环路接口节点为止。

环状拓扑的优点：

① 电缆长度短。环状拓扑网络所需的电缆长度和总线拓扑网络相似，但比星状拓扑网络要短得多。

② 增加或减少工作站时，仅需要简单的连接操作。

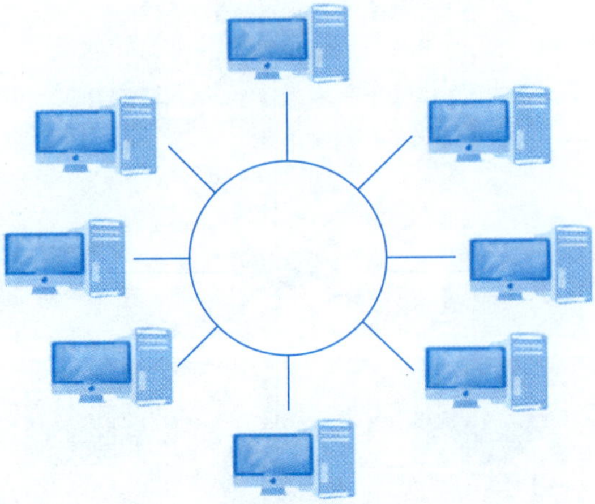

图 6-15　环状拓扑

③ 可使用光纤。光纤的传输速率很高，十分适合于环状拓扑的单方向传输。

环状拓扑的缺点：

① 节点的故障会引起全网故障。这是因为环上的数据传输要通过接在环上的每一个节点，一旦环中某一节点发生故障就会引起全网故障。

② 故障检测困难。与总线拓扑相似，因为不是集中控制，故障检测需要在网上各个节点进行。

③ 环状拓扑结构的媒体访问控制协议都采用令牌传递的方式，在负载很轻时，信道利用率相对来说比较低。

视频

树状拓扑

（4）树状拓扑

树状拓扑（又称树形拓扑）可以认为是由多级星状结构组成的，只不过这种多级星状结构是自上而下呈三角形分布的，就像一棵树一样，最顶端的枝叶少些，中间的枝叶多些，而最下面的枝叶最多，如图 6-16 所示。树的最下端相当于网络中的边缘层，树的中间部分相当于网络中的汇聚层，而树的顶端则相当于网络中的核心层。它采用分级的集中控制方式，其传输介质可有多条分支，但不形成闭合回路，每条通信线路都必须支持双向传输。

树状拓扑的优点：

① 易于扩展。这种结构可以延伸出很多分支和子分支，这些新节点和新分支都能容易地加入网内。

② 故障隔离较容易。如果某一分支的节点或线路发生故障，很容易将故障分支与整个系统隔离开。

树状拓扑的缺点：

各个节点对根的依赖性太大，如果根发生故障，则全网不能正常工作。从这一点来看，树状拓扑结构的可靠性有点类似于星状拓扑结构。

（5）网状拓扑

在网状拓扑结构中，网络的每台设备之间均有点对点的链路连接，如图 6-17 所示。这种结构在广域网中得到了广泛应用，其优点是不受瓶颈问题和失效问题的影响。由于节点之间有许

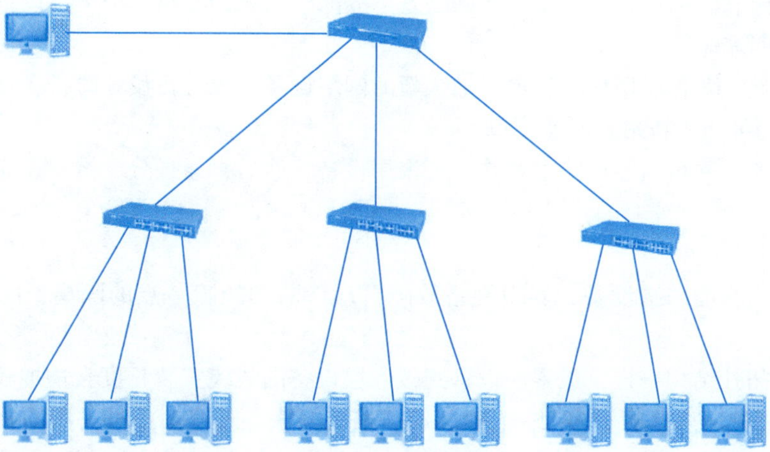

图 6-16　树状拓扑

多条路径相连，可以为数据流的传输选择适当的路由，从而绕过失效的部件或过忙的节点。这种结构虽然比较复杂，成本也比较高，提供上述功能的网络协议也较复杂，但由于其可靠性高，仍然受到用户的欢迎。

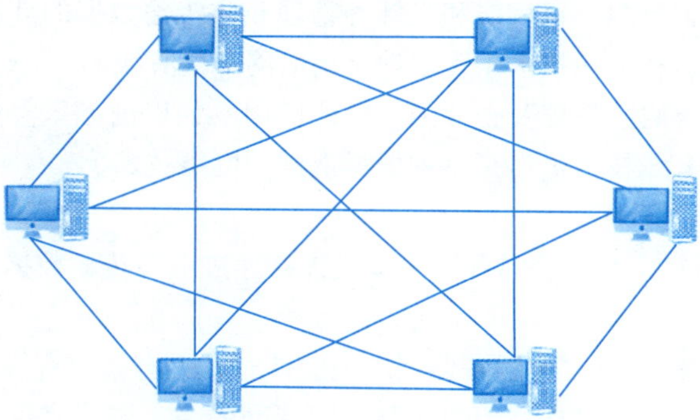

图 6-17　网状拓扑

网状拓扑的优点：

① 节点间路径多，碰撞和阻塞减少。

② 局部故障不影响整个网络，可靠性高。

网状拓扑的缺点：

① 网络关系复杂，建网较难，不易扩充。

② 网络控制机制复杂，必须采用路由算法和流量控制机制。

（6）混合型拓扑

混合型拓扑是将两种单一拓扑结构混合起来，取两者的优点构成的拓扑。

一种是星状拓扑和环状拓扑混合成的“星-环”拓扑；另一种是星状拓扑和总线拓扑混合成的“星-总”拓扑。这两种混合型结构有相似之处，如果将总线拓扑的两个端点连在一起就变成了环状拓扑。

混合型拓扑的优点：

① 故障诊断和隔离比较方便。一旦网络发生故障，只要诊断出哪个网络设备有故障，将该网络设备和全网隔离即可。

② 易于扩展。要扩展用户时，可以加入新的网络设备，也可在设计时，在每个网络设备中留出一些备用的可插入新站点的连接口。

③ 安装方便。网络的主链路主要连通汇聚层设备，然后再通过分支链路连通汇聚层设备和接入层设备。

混合型拓扑的缺点：

① 需要选用智能网络设备，实现网络故障自动诊断和故障节点的隔离，网络建设成本比较高。

② 像星状拓扑结构一样，汇聚层设备到接入层设备的线缆安装长度会增加较多。

小的办公局域网以星状居多，一台交换机，多机互联。总线拓扑过去用同轴电缆时建设小型局域网用，不需要交换机。星状、总线和环状三种网络经常被综合应用，大型网络都是混合型，其中“星-总”混合型居多。

3. 按通信介质分类

根据通信介质不同，计算机网络分为有线网络和无线网络。

（1）有线网络

有线网络是采用同轴电缆、双绞线和光纤等物理介质传输数据的计算机网络。因特网的很多基础结构都是有线的，在无线技术出现之前，局域网都是有线的。

现在，有线连接在家庭、学校及企业网络中的应用不如以前频繁。然而，对于需要快速安全连接的局域网而言，有线技术仍然是一种值得选用的网络技术。

有线网络的优点：

① 有线连接快速、安全并且容易配置。有线连接通过电缆传输数据，电缆通常会有更高的带宽和更好的抗干扰性。

② 有线网络的速度在读取本地服务器上的大文件时尤为有用。有线网络也能为局域网的多人计算机游戏提供更快的基础结构，但对于基于因特网的多人游戏来说，通常因特网的连接速度才是限制因素。

③ 有线连接比无线连接更安全，因为计算机只能通过电缆连接到有线网络。在建立有线网络时，不需要担心黑客截取自己的数据，也不用担心他人通过无线信号偶然发现自己的文件。

有线网络的缺点：

① 电缆的传输速率和安全性是它的主要缺点；连着电缆的设备的移动性很有限；桌面计算机往往更适合使用有线连接，而笔记本计算机和手持设备只有在不受电缆限制时才能保有其移动性。

② 电缆不够美观，往往缠成一团，并且会积聚灰尘。在天花板、墙壁和地板上布设电缆可能会很困难。

以太网是一种计算机局域网的有线连接技术。IEEE 组织的 IEEE 802.3 标准制定了以太网的技术标准，它规定了包括物理层的连线、电子信号和介质访问层协议的内容。以太网是目前应用最普遍的局域网技术。

以太网采用带冲突检测的载波帧听多路访问（CSMA/CD）机制，其中的节点都可以看到在网络中发送的所有信息，因此，以太网是一种广播网络。

当以太网中的一台主机传输数据时，将按如下步骤进行：

① 帧听信道上是否有信号在传输，如果有，表明信道处于忙状态，就继续帧听，直到信道空闲为止。

② 若没有帧听到任何信号，就传输数据。

③ 传输的时候继续帧听，如发现冲突则执行退避算法，随机等待一段时间后，重新执行步骤 1。

④ 若未发现冲突则发送成功，所有计算机试图再一次发送数据之前，必须在最近一次发送后等待 9.6 μs（以 10 Mbit/s 运行）。其目的是使刚刚收到数据帧的站点的接收缓存来得及清理，做好接收下一帧的准备。

（2）无线网络

无线网络是采用卫星、微波等无线形式来传输数据的计算机网络。

无线网络技术涵盖的范围很广，既包括允许用户建立远距离无线连接的全球语音和数据网络，也包括为近距离无线连接进行优化的红外线及射频技术。

与有线网络相比，无线网络具有以下优点：

① 可移动性强，能突破时空限制。无线网络是通过发射无线电波来传递网络信号的，只要处于发射的范围之内，人们就可以利用相应的接收设备来实现对相应网络的连接。这极大地摆脱了空间和时间方面的限制，是传统网络所无法做到的。

② 网络扩展性能相对较强。与有线网络不一样的是，无线网络突破了有线网络的限制，可以随时通过无线信号进行接入，其网络扩展性能相对较强，可以有效实现网络工作的扩展和配置的设置等。用户在访问信息时也会变得更加高效和便捷。无线网络不仅扩展了人们使用网络的空间范围，而且还提升了网络的使用效率。

③ 设备安装简易、成本低廉。通常来说，安装有线网络的过程是较为复杂烦琐的，有线网络除了要布置大量的网线和网线接头，其后期的维护费用也非常高。而无线网络则无须布设大量的网线，安装一个无线网络发射设备即可，同时这也为后期网络维护创造了非常便利的条件，极大地降低了网络前期安装和后期维护的成本费用。

与有线网络相比，无线网络的主要特点是完全消除了有线网络的局限性，实现了信息的无线传输，使人们更自由地使用网络。同时，网络运营商操作也非常方便，首先，线路建设成本降低，运行时间缩短，成本回报和利润生产相对较快。这些优势包括改进了管理员的无线信息传输管理，并为网络中没有空间限制的用户提供了更大的灵活性。

无线局域网在能够给网络用户带来便捷和实用的同时，也存在着一些缺陷：

① 性能：无线局域网是依靠无线电波进行传输的。这些电波通过无线发射装置进行发射，而建筑物、车辆、树木和其他障碍物都可能阻碍电磁波的传输，所以会影响网络的性能。

② 速率：无线信道的传输速率与有线信道的传输速率相比要低一些。例如，无线标准 802.11n，无线传输速率是 300 Mbit/s，一般的双绞线可以达到 1 000 Mbit/s。

③ 安全性：本质上无线电波不要求建立物理的连接通道，无线信号是发散的。从理论上讲，很容易监听到无线电波广播范围内的任何信号，造成通信信息泄露。

蓝牙，是一种支持设备短距离通信（一般 10 m 内）的无线电技术，能在移动电话、PDA、无线耳机、笔记本计算机、相关外设等众多设备之间进行无线信息交换。蓝牙作为一种小范围无线连接技术，能在设备间实现方便快捷、灵活安全、低成本、低功耗的数据通信和语音通信，特别适用于需要短距离无线通信的场景，是目前实现无线局域网通信的主流技术之一。

蓝牙的工作原理是通过无线电波连接设备，使它们能够进行短距离通信。蓝牙设备包括蓝牙模块、蓝牙无线电和软件。当两台蓝牙设备想要相互交流时，它们需要进行配对，并在短程临时网络中进行通信。这种网络可以容纳两至八台设备进行连接，其中一台设备作为主设备，其他设备作为从设备。

Wi-Fi（wireless fidelity，无线保真）是一种允许电子设备连接无线网络的技术，最初由无线以太网兼容性联盟（WECA）在1999年提出，目的是推广基于IEEE 802.11标准的无线局域网技术。

Wi-Fi使用无线电波进行数据传输，这些无线电波在空气中的传播速度接近光速。当设备（如智能手机、笔记本计算机或平板计算机）连接到Wi-Fi网络时，会发送和接收无线电信号，这些信号会被附近的Wi-Fi路由器或接入点接收和转发。

在Wi-Fi网络中，无线路由器扮演着关键角色，负责将有线网络信号转换为无线信号，并发送给周围的Wi-Fi设备。

Wi-Fi技术提供了便捷、快速和灵活的网络连接方式，使用户能够在无须物理连接的情况下，轻松访问互联网和其他网络资源。Wi-Fi技术广泛应用于家庭、办公场所、公共场所等各个领域，为人们的工作、学习和娱乐提供了极大的便利。

计算机网络还有很多其他分类方式，例如，按通信速率分为低速网、中速网和高速网；按使用用户分为公用网和专用网；按网络环境分为部门网络、企业网络和校园网等。

6.2 网络协议与网络体系结构

6.2.1 网络协议

1. 网络协议定义

网络协议是网络通信中不可或缺的一部分，它定义了在网络中传输数据时所必须遵循的规则和约定。这些协议确保了不同计算机和设备之间能够顺利、高效地交换信息。简而言之，网络协议是网络通信的“语言”，它规定了如何格式化数据、如何传输数据以及如何处理接收到的数据。

2. 网络协议三要素

网络协议通常由三个基本要素构成：语法、语义和时序。

① 语法：定义了数据交换的格式和结构，即数据的组织形式和编码方式。它规定了传输数据的具体格式，使得发送方和接收方能够按照统一的标准来解析数据。

② 语义：解释了控制信息和数据表示的含义，即数据的实际意义和用途。它定义了数据字段的含义以及如何进行数据解释和处理。

③ 时序：规定了事件发生的顺序，即数据的发送、接收和处理顺序。它定义了数据交换过程中各步骤的先后顺序以及时间间隔，确保数据传输的可靠性和效率。

3. 常见的网络协议

常见的网络协议有TCP/IP协议、HTTP协议、FTP协议、SMTP协议、DNS协议、SSL/TLS协议以及DHCP协议等。

(1) TCP/IP 协议

TCP/IP (transmission control protocol/Internet protocol) 协议是互联网的基础协议套件，它包含了一组相互关联的协议，用于在不同网络之间实现数据包的传输。TCP（传输控制协议）负责确保数据的可靠传输，通过序列号、确认和超时重传等机制来保证数据的完整性和顺序性。IP（互联网协议）则负责将数据包从源地址路由到目标地址。TCP/IP 协议族还包括其他许多协议，如 UDP（用户数据报协议）、ICMP（互联网控制消息协议）等，共同构成了互联网的核心架构。

(2) HTTP 协议

HTTP (hypertext transfer protocol) 协议是用于从服务器传输超文本到本地浏览器的传送协议。它建立在 TCP/IP 协议之上，是一种无状态的、应用层的协议。HTTP 协议定义了客户端和服务器之间交换数据的格式和过程，支持多种请求方法（如 GET、POST 等）和响应状态码，用于网页浏览、文件传输等多种应用场景。HTTP/2 和 HTTP/3 等后续版本进一步提高了 HTTP 的性能和安全性。

(3) FTP 协议

FTP (file transfer protocol) 协议是用于在网络上的计算机之间传输文件的协议。它允许用户通过 FTP 客户端软件连接到 FTP 服务器，上传或下载文件。FTP 协议工作在 TCP/IP 协议族的应用层，提供了两种文件传输模式：ASCII 模式和二进制模式，以适应不同类型的文件。FTP 协议还支持文件的列表、删除、重命名等操作，是文件共享和传输的重要工具。

(4) SMTP 协议

SMTP (simple mail transfer protocol) 协议是用于电子邮件发送的协议。它定义了邮件服务器之间如何交换电子邮件消息，以及如何将电子邮件从发件人的邮件服务器传送到收件人的邮件服务器。SMTP 协议工作在 TCP/IP 协议族的应用层，通过指定的端口（通常是 25 号端口）进行通信。SMTP 协议只关注邮件的发送过程，而不涉及邮件的接收、存储或展示，这些功能通常由其他协议（如 POP3、IMAP 等）来实现。

(5) DNS 协议

DNS (domain name system) 协议是将域名和 IP 地址相互映射的一个分布式数据库，能够使用户通过域名而不是 IP 地址来访问互联网上的资源。DNS 协议将人类可读的域名解析为计算机可读的 IP 地址，实现了网址的友好访问。DNS 协议运行在 UDP/TCP 协议之上，通过特定的端口（通常是 53 号端口）进行通信。DNS 服务器系统采用层级结构，包括根域名服务器、顶级域名服务器、二级域名服务器等，共同构成了互联网的域名解析体系。

(6) SSL/TLS 协议

SSL (secure sockets layer)/TLS (transport layer security) 协议是用于在互联网上安全传输数据的协议。它们通过加密和解密通信过程中传输的数据来确保数据的安全性和隐私性。SSL/TLS 协议工作在 TCP/IP 协议族的应用层之下、传输层之上，为各种高层协议（如 HTTP、FTP 等）提供安全支持。SSL/TLS 协议通过使用数字证书、公钥和私钥等技术手段，实现了客户端和服务器之间的身份认证和数据加密传输。

(7) DHCP 协议

DHCP (dynamic host configuration protocol) 协议是用于动态分配 IP 地址和其他网络配置参

数的协议。它允许网络设备（如计算机、打印机等）在加入网络时自动从 DHCP 服务器获取 IP 地址、子网掩码、默认网关、DNS 服务器地址等信息，从而简化了网络配置过程并提高了网络管理的效率。DHCP 协议运行在 UDP 协议之上，通过特定的端口（通常是 67 和 68 号端口）进行通信。DHCP 服务器可以集中管理网络中的 IP 地址资源，并根据需要动态地分配和回收 IP 地址。

这些常见网络协议在计算机网络中扮演着至关重要的角色，它们共同构成了互联网的基础架构和通信机制。了解和掌握这些协议的基本概念和原理对于进行网络设计、开发和管理具有重要意义。

6.2.2 网络体系结构

1. 网络体系结构定义

网络体系结构是计算机网络设计与实现的框架，它定义了网络各组成部分之间的关系、交互方式以及数据流动的规则。一个合理的网络体系结构能够确保网络高效、可靠和安全运行。网络体系结构通常采用分层模型来简化复杂的网络通信过程，每一层负责特定的功能，并通过接口与相邻层进行交互。

2. 分层模型的优势

① 模块化：将复杂的网络功能划分为多个相对独立的模块，便于设计、实现和维护。

② 灵活性：各层之间通过标准化的接口进行通信，使得不同层的实现可以相互替换，而不影响整个系统的运行。

③ 可扩展性：新的功能或服务可以在现有体系结构的基础上添加新的层次或扩展现有层次的功能。

3. OSI 七层模型

OSI（open systems interconnection）七层模型是国际标准化组织（ISO）提出的一种网络体系结构模型，它为网络协议的设计、开发和实现提供了统一的框架和参考。OSI 模型从低到高依次分为物理层、数据链路层、网络层、传输层、会话层、表示层和应用层，如图 6-18 所示。

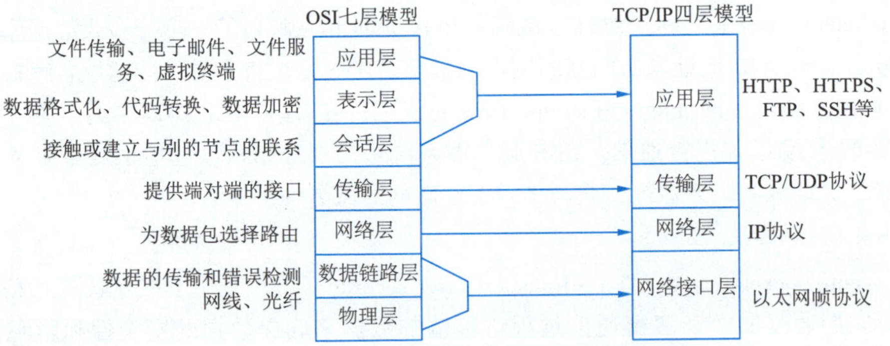

图 6-18　OSI 七层模型和 TCP/IP 四层模型

各层功能简述如下：

① 物理层：负责建立、维护和终止设备之间的物理连接，定义电气、机械和功能性规范。

② 数据链路层：负责将原始的物理连接转变为可靠的数据传输链路，通过帧来封装数据。

③ 网络层：负责在不同网络间进行数据的路由和转发，确保数据能够从源地址传送到目标地址。

④ 传输层：提供端到端的数据传输服务，确保数据的可靠传输和流量控制。

⑤ 会话层：建立、管理和终止两个应用程序之间的会话，控制会话的同步和恢复。

⑥ 表示层：负责数据的编码、转换和加密解密，确保数据的格式和语义一致性。

⑦ 应用层：面向用户和应用程序，提供丰富的网络服务和功能，如 HTTP、FTP 等。

4. TCP/IP 四层模型

TCP/IP 四层模型是互联网实际使用的网络体系结构模型，它简化了 OSI 七层模型，将网络功能划分为应用层、传输层、网络层和网络接口层四个层次，如图 6-18 所示。

各层功能简述如下：

① 网络接口层：对应于 OSI 模型的物理层和数据链路层，负责数据的物理传输和帧的封装与解封装。

② 网络层：对应于 OSI 模型的网络层，负责数据包的路由和转发，主要协议为 IP。

③ 传输层：对应于 OSI 模型的传输层，提供端到端的数据传输服务，主要协议为 TCP 和 UDP。

④ 应用层：对应于 OSI 模型的应用层、表示层和会话层，提供具体的网络服务和应用，如 HTTP、FTP、SMTP 等。

TCP/IP 模型以其高效、灵活和兼容性强的特点，成为互联网发展的基石。通过简化 OSI 模型，TCP/IP 模型更加贴近实际应用需求，促进了互联网技术的快速发展。

总结而言，网络体系结构是网络通信的基础框架，而网络协议则是实现这一框架的具体规则和标准。OSI 七层模型和 TCP/IP 四层模型是两种典型的网络体系结构模型，它们为网络技术的发展和应用提供了重要的指导和支持。

6.3 因特网

6.3.1 因特网简介

因特网（Internet）是一组全球信息资源的总汇。有一种说法，认为 Internet 是由许多小的网络（子网）互联而成的一个逻辑网，每个子网中连接着若干台计算机（主机）。Internet 以相互交流信息资源为目的，基于一些共同的协议，并通过许多路由器互联网而成。它是一个信息资源和资源共享的集合，允许不同地理位置的计算机设备通过网络相互通信，共享和交换信息。

因特网采用客户端-服务器架构，用户通过客户端（如个人计算机、智能手机等）发出请求，服务器接收请求并返回所需的信息，如网页、电子邮件等。

因特网使用的核心协议是 TCP/IP。该协议将信息拆分成较小的数据包，并通过不同的路径发送到目的地，然后重新组合这些数据包以形成原始信息。同时，使用域名系统（DNS）将难记的 IP 地址转换为易于记忆的域名，使得用户可以通过域名访问网站和服务。

因特网是一个网络的网络，它以 TCP/IP 协议将各种不同类型、不同规模、位于不同地理位置的物理网络连接成一个整体。它也是一个国际性的通信网络集合体，融合了现代通信技术和现代计算机技术，集各个部门、领域的各种信息资源为一体，从而构成网上用户共享的信息资源网。它的出现是世界由工业化走向信息化的必然和象征。

因特网的发展极为迅猛，网上计算机的总数已达到数亿台。它的应用领域不断拓宽，从最初的教育、科研扩展到企业、个人信息交流、电子商务等多个方面。

随着技术的不断进步，如5G、Wi-Fi等新型通信技术的出现，因特网的传输速率、容量和可靠性将得到进一步提升，但安全性问题仍然是因特网发展过程中需要关注的重要方面，包括数据加密、网络安全防护等技术将不断发展完善。

因特网作为现代信息技术的基石之一，已经成为人们生活中不可或缺的一部分。它极大地促进了信息资源的共享和交流，推动了全球经济和社会的发展。

6.3.2 IP 地址

网上计算机要进行通信，必须先互相识别，才能知道信息发送到何处，接收信息来自何方。在互联网上唯一识别用户身份的标识就是IP地址。

1. IP 地址的版本

IP地址目前主要有两个协议版本IPv4和IPv6。IPv4的地址就是一个32位的0/1序列，如11000000 11111111 00000000 00001111。为了方便人们记录和阅读，通常将32位0/1分成4段8位序列，并用十进制来表示每一段（一段的范围是0~255），段与段之间以“.”分隔。例如，上面的地址可以表示成为192.255.0.16。

随着5G、物联网等相关技术的发展，接入网络中的设备越来越多，IPv4地址已经不能满足人们的需求，于是推出了IPv6地址。IPv6地址是128位0/1序列，也按照8位分割，以十六进制来记录每一段（使用十六进制而不是十进制，这能让写出来的IPv6地址短一些），段与段之间以“:”分隔。例如，2001:0db8:85a3:08d3:1319:8a2e:0370:7344是一个合法的IPv6地址。

2. IP 地址的分配管理

互联网名称与数字地址分配机构（ICANN）是Internet的中心管理机构。ICANN的IANA（互联网数字分配机构）部门负责将IP地址分配给五个（ARIN、RIPE、APNIC、AFRINIC、LACNIC）区域性的互联网注册机构（RIR），每个机构负责不同地理区域的IP地址，如APNIC负责亚太地区的IP分配。然后，RIR将地址进一步分配给当地的ISP（internet service provider，因特网服务提供商），如中国电信和中国网通。ISP再根据自己的情况，将IP地址分配给机构或者直接分配给用户，例如，将A类地址分配给一个超大型机构，而将C类地址分配给一个网吧。机构可以进一步在局域网内部分配IP地址给各个主机。这样通过分级管理，IP地址就不会有冲突，如图6-19所示。

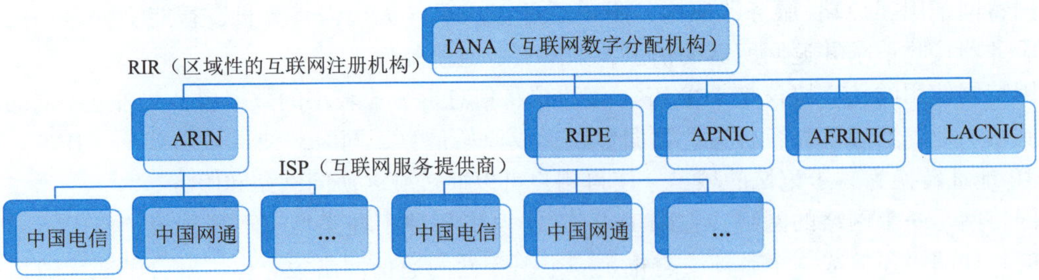

图 6-19 IP 地址分级管理

6.3.3 域名

IP 地址是互联网上唯一识别用户身份的一个标识，但是人们访问对方的服务时，用 IP 地址很难记忆，于是就发明了域名。IP 地址和域名是一一对应的，这份域名地址的信息存放在域名服务器（domain name server，DNS）的主机内，用户只需了解易记的域名地址，其对应转换工作留给域名服务器完成。域名服务器就是提供 IP 地址和域名之间的转换服务的服务器。域名是一个分级管理的结构，如 mail. imau. edu. cn，表示内蒙古农业大学的邮件服务器域名。其中，mail 表示服务器提供邮件服务，imau 表示内蒙古农业大学，edu 表示教育网，cn 表示中国。其中，imau. edu. cn 就是内蒙古农业大学向中国教育网 edu. cn 申请的权威域名。在此基础上，内蒙古农业大学就可以向互联网发布自己其他的域名，如计算机学院域名 jsj. imau. edu. cn。

常用通用顶级域名见表 6-1。

表 6-1　常用通用顶级域名

域　名	描　述	域　名	描　述	域　名	描　述
com	商业	edu	教育	gov	政府机构
mil	军事部门	org	民间团体或组织	net	网络服务机构

常用国家顶级域名见表 6-2。

表 6-2　国家顶级域名

国家或地区代码	国家或地区名	国家或地区代码	国家或地区名
au	澳大利亚	cn	中国
jp	日本	fr	法国
uk	英国	us	美国

6.3.4 因特网提供的服务

因特网作为一组全球信息资源的总汇，提供了多种基本且丰富的服务。以下是因特网提供的核心服务：

1. 万维网（WWW）服务

WWW（world wide web）是基于超文本传输协议（HTTP）的信息服务，允许用户通过浏览器访问存储在世界各地服务器上的网页。网页可能包含文本、图片、视频和其他多媒体内容，为用户提供丰富的信息浏览和交互体验。

2. 电子邮件（E-mail）服务

电子邮件服务允许用户发送和接收邮件，是互联网上最早的也是最基本的通信方式之一。它支撑着现代通信的很大一部分，适用于个人与个人、个人与组织以及组织与组织之间的信息交流。

3. 远程登录（Telnet）服务

Telnet 是一种网络协议，用于在互联网或局域网的主机之间提供双向的交互式文本通信。它允许用户登录到远程计算机并执行命令，仿佛直接操作那台计算机一样。

4. 文件传输服务

文件传输协议（FTP）用于在网络上的计算机之间传输文件，是一个用于交换和共享数据的标准网络协议。使用客户端服务器模式工作，允许用户上传和下载文件。

5. 域名系统（DNS）

域名系统是因特网的一项关键服务，它将易于记忆的域名转换为机器可读的 IP 地址。域名系统采用客户端/服务器模式，通过域名服务器和解析器完成域名到 IP 地址的映射，以便设备能够找到并通信。

6. 其他服务

① Usenet 网络新闻组服务：一种早期的网络新闻和讨论系统，允许用户参与特定主题的讨论。

② 电子公告牌（BBS）服务：早期的一种在线交流平台，允许用户下载和上传信息、消息和文件。

③ Whois 服务：用于查询特定域名或 IP 地址注册信息的网络服务。

④ Ping/Traceroute：网络诊断工具，用于检测网络连接状态和路径跟踪。

这些服务共同构成了因特网的基本框架，为用户提供了丰富多彩的网络体验。随着技术的不断发展，因特网还将提供更多新的服务和应用，进一步丰富和改善人们的生活。

6.4 移动通信技术

移动通信技术是指移动体之间的通信，或移动体与固定体之间的通信。这种通信技术通过无线电波进行信号传输，将语音、数据等信息转换为电磁波并通过天线发射出去，接收端则通过天线接收到电磁波并将其转换回原始信息。

移动通信技术的高速发展为人们的工作生活带来了极大便利，随着通信网络技术的发展，网络升级换代的速度越来越快。2019 年，5G 元年已经正式开启，5G 网络建设在高速地进行和普及的同时，华为又进入了 6G 网络洽谈研究筹备阶段。每一代网络技术革新，都将会引领一场新的市场变革，开启新的时代。

移动通信技术的发展经历了多个阶段，从最初的模拟通信技术到现在的数字通信技术，技术不断演进和升级。具体来说，移动通信技术的发展历程可以概括为以下几个阶段：

6.4.1 1G——语音时代

第一代移动通信诞生于 20 世纪 80 年代，主要采用的是模拟技术和频分多址（FDMA）技术。1G 只能应用在一般语音传输上，且语音品质低、信号不稳定、涵盖范围也不够全面，安全性也存在较大的问题。1G 系统的先天不足，使得它无法真正大规模普及和应用。

这一时代的手机只是用来接、打语音电话。1973 年，摩托罗拉公司为全世界带来了第一部手机。这部手机最显著的特征就是大和重，俗称“大哥大”。

6.4.2 2G——文本时代

2G 时代是移动通信标准争夺的开始，GSM 脱颖而出成为最广泛采用的移动通信制式。早在 1989 年欧洲就以 GSM 为通信系统的统一标准并正式商业化，同时在欧洲起家的诺基亚和爱立信开始攻占美国和日本市场，仅仅 10 年时间诺基亚就成为全球最大的移动电话商。

2G 主要业务是语音，其主要特性是提供数字化的话音业务及低速数据业务。它克服了模拟移动通信系统的弱点，话音质量、保密性能得到大幅提高，并可进行省内、省际自动漫游。第二代移动通信替代第一代移动通信系统完成模拟技术向数字技术的转变。

2G 手机不再局限于只能打电话，还能接发短信甚至简单的网页浏览及文本编辑、发送。此外，2G 手机在拍照、音乐播放、游戏方面的功能也逐步被开发出来。

6.4.3　3G——图片时代

随着人们对移动网络的需求不断加大，第三代移动通信网络必须在新的频谱上制定出新的标准，享用更高的数据传输速率，中国于 2009 年的 1 月 7 日颁发了三张 3G 牌照。

3G 最基本的特征是智能信号处理技术，智能信号处理单元将成为基本功能模块，支持话音和多媒体数据通信，它可以提供前两代产品不能提供的各种宽带信息业务，例如高速数据、慢速图像与电视图像等。

在 3G 之下，影像电话和大量数据的传送更为普遍，行动通信有更多样化的应用，因此 3G 被视为开启移动通信新纪元的关键。

智能手机应用开始，2G 只能发送文字信息，而 3G 手机已能快速处理图像、音乐、视频等信息，提供电子商务、视频通话等多种信息服务。

6.4.4　4G——视频时代

2013 年 12 月，工业和信息化部在其官网上宣布向中国移动、中国电信、中国联通颁发 4G 牌照，进入了 4G 时代。

4G 集 3G 与 WLAN 于一体，并能够快速传输数据、高质量音频、视频和图像等。4G 能够以 100 Mbit/s 以上的速度下载，并几乎能够满足所有用户对于无线服务的要求。此外，4G 可以在 DSL（数字用户线路）和有线电视调制解调器没有覆盖的地方部署，然后再扩展到整个地区，有着不可比拟的优越性。

这一时代的手机可进行微信视频、网上看电影、手机游戏等社交互动。

6.4.5　5G——物联网时代

2019 年 6 月 6 日，工业和信息化部向中国电信、中国移动、中国联通、中国广电发放 5G 商用牌照，这意味着我国正式进入 5G 商用元年。5G 比 4G 覆盖范围更广、信号更强、速度更快。5G 网络的理论下载速度可达 10 Gbit/s，是 4G LTE 的 100 倍。实际生活中，5G 网络的平均下载速度超过 1 Gbit/s，上传速度也达到了惊人的 100 Mbit/s 以上。这意味着，下载一部高清电影，仅需要几秒钟，而在线游戏和视频通知再无延迟，流畅度媲美有线网络。5G 将会强力推动 VR、无人驾驶汽车等物联网技术发展。

6.4.6　6G——未来移动通信网络展望

随着 5G 技术的全球商用化进程加速，人们已经开始将目光投向了下一代通信技术——6G。6G 作为未来网络的核心技术之一，将以其极致的性能、广泛的频谱接入、智能化的网络管理、强大的安全隐私保护、绿色可持续的发展理念以及融合创新的应用场景等特点，为人类社会带来更加便捷、高效、智能和可持续的信息通信体验。然而，6G 技术的研发和应用面临着诸多挑战和不确定性，需要全球产业界、学术界和政府等各方共同努力和协作推进。

目前，6G 技术的国际竞争态势呈现出高度激烈和多元化的特点，各国和地区都在积极布局和推进 6G 技术的研发，以抢占未来的通信技术制高点。全球在 6G 技术研发方面最具竞争力的国家和地区包括中国、美国、欧盟、日本和韩国等，这些国家和地区在技术研发、标准制定、产业链构建等方面都投入了大量资源和精力。

6G 技术的标准化是当前国际竞争的核心之一。国际电信联盟（ITU）和第三代合作伙伴计划（3GPP）等国际标准化组织正在积极推动 6G 技术标准的制定工作，各国和地区都在积极提交自己的技术提案和方案，以争取在标准制定中占据有利地位。在 3GPP 的指导下，我国积极参与 6G 标准的制定工作，按照移动通信产业“使用一代，建设一代，研发一代”的发展节奏，6G 技术路线、场景需求等正在各方讨论中日渐明晰。我国还通过与国际合作伙伴的交流和合作，共同推动 6G 技术的研发和应用。这种国际合作有助于我国吸收全球范围内的先进技术和经验，提升我国在 6G 技术领域的竞争力。

专利竞争是 6G 技术国际竞争的另一个重要方面。各国和地区的企业都在积极申请与 6G 技术相关的专利，以保护和巩固自己的技术优势。截至 2024 年，我国在全球 6G 专利份额中占据高达 40. 3% 的领先地位，远超美国和日本等国家，成为全球 6G 技术的重要推动者之一。这种专利优势将有助于我国在未来 6G 技术竞争中占据更为有利的地位，进一步巩固和提升我国的国家核心竞争力。

我国在 6G 技术的多个关键领域取得了突破，包括无线通感融合、天地一体化、分布式自治网络等，这些技术的突破为 6G 网络的构建提供了强有力的技术支撑。我国在 6G 技术的研发和实验验证方面取得了积极进展。例如，“灵云”无线通算智融合开放平台、6G 无蜂窝无线接入网系统、6G 端到端实验平台等研发项目有序进行，业界围绕 6G 的研发与合作也迈入了一个新阶段。

我国在 6G 技术的应用场景和产业生态方面也进行了积极探索。6G 技术有望在智慧城市、智能制造、远程医疗、自动驾驶等领域发挥重要作用，推动这些领域的创新和发展。同时，我国还注重构建适应 6G 技术发展的生态系统，加强产业链上下游的协同合作，推动 6G 技术的产业化进程。

2024 年 7 月 11 日，由中国工程院院士、北京邮电大学教授张平团队，基于通信与智能融合的多项关键技术，成功搭建了国际首个通信与智能融合的 6G 外场试验网。这一成果不仅验证了 4G、5G 链路具备 6G 传输能力的可行性，还实现了 6G 主要场景下通信性能的全面提升。该试验网的搭建标志着我国在 6G 关键技术领域取得了重要突破，为未来的 6G 商用化奠定了坚实基础。

综上所述，我国在 6G 技术的研发上取得了显著进展，不仅在关键技术上取得了突破，还积极参与了全球标准的制定和国际合作。未来，随着 6G 技术的不断发展和完善，我国将在全球通信技术领域发挥更加重要的作用。在国际科技竞争中，我们既要有“舍我其谁”的担当精神，也要有“和而不同”的合作智慧，共同推动全球科技进步和发展。

6.5 物联网

物联网技术（IoT）起源于传媒领域，是信息科技产业的第三次革命。物联网是指通过信息传感设备，按约定的协议，将任何物体与网络相连接，物体通过信息传播媒介进行信息交换和通信，以实现智能化识别、定位、跟踪、监管等功能。物联网是一个基于互联网、传统电信网等的信息承载体，让所有能够被独立寻址的普通物理对象形成互联互通的网络。

6.5.1　物联网的关键技术

物联网的关键技术主要有通信技术、传感技术和射频识别技术，共同支持物联网发展，构成物联网的核心部分。

1. 通信技术

通信是物联网不可缺少的环节，物联网利用通信技术提供信息传输的通道，体现专业通信，满足互联需求。在通信技术的支持下，物联网可以适应多样化的业务需求，不仅可以在低移动环境内运行，还可应用在数据效率低下的平台内，可以保障物联网的通信安全。物联网中的通信技术，集中体现在广域或近距通信两方面。例如，通过互联网、移动通信网、卫星通信等传输物联网感知到的信息。

2. 传感技术

传感技术就是传感器的技术，可以感知周围环境或者特殊物质，如气体感知、光线感知、温湿度感知、人体感知等，把模拟信号转化成数字信号，由中央处理器处理。最终结果形成气体浓度参数、光线强度参数、范围内是否有人探测、温度湿度数据等显示出来。例如，物联网确定系统传感模式后，设置微型处理器，综合集成物联网的信息，通过传感器时刻监督内部信息的运行情况，避免出现高危行为，不论是物联网的采集环节，还是处理环节，都可处于高效传感的过程中。传感技术随机组成通信网络，促使物联网在中继方式的作用下传输信息，迅速抵达用户终端，体现传感技术效率，有利于提高物联网的传感速度。

3. 射频识别技术

射频识别（RFID）技术俗称“电子标签”，是物联网中信息采集的主要源头。将电子标签附着在目标物品上，可对其进行全球范围内的追踪和识别。

射频识别技术是物联网运行的重点，同时也是主要技术，用于提升物联网的识别能力。射频识别技术的运用原理是，物联网中的物品被电子标签标识后，读写器通过电波识别物品电子标签内的信息，迅速将读取的信息输送到物联网的信息系统，在射频技术自动采集的协助下，管理物联网内的物品，存储电子标签，达到高效管理的状态。物联网中的物品对应独立、唯一的识别码，恰好对应射频技术内的标签，由此必须规范电子标签内的识别标准，以此提高识别效益，避免射频识别受到编码限制。射频识别技术不仅为互联网提供识别功能，而且实现了质量认证，促使物联网的运用处于质量约束的环境中，降低质量风险。由此可见，射频识别技术为物联网提供保障性支持，避免物联网出现识别干扰，有利于物联网的稳定发展。

6.5.2　物联网的体系结构

从技术架构上看，物联网可分为感知层、网络层和应用层三层。

① 感知层由各种传感器以及传感器网关构成，包括二氧化碳浓度传感器、温度传感器、湿度传感器、二维码标签、RFID 标签和读写器、摄像头、GPS 等感知终端。感知层的作用相当于人的眼耳鼻喉和皮肤等神经末梢，它是物联网识别物体、采集信息的来源，其主要功能是识别物体，采集信息。

② 网络层由各种私有网络、互联网、有线和无线通信网、网络管理系统和云计算平台等组

成，相当于人的神经中枢和大脑，负责传递和处理感知层获取的信息。

③ 应用层是物联网和用户（包括人、组织和其他系统）的接口，它与行业需求结合，实现物联网的智能应用。

6.5.3 物联网的应用

物联网的应用范围非常广泛，几乎涵盖了人们生活、工作、娱乐等各个方面，下面简要介绍物联网在一些主要领域的应用。

1. 智能家居

① 设备控制：通过智能手机或语音助手（如智能音箱）控制家中的灯光、空调、电视、窗帘等设备。

② 安防系统：利用智能摄像头、门窗传感器等设备监测家中安全情况，并实现远程监控和报警。

③ 能源管理：通过智能电表、智能插座等设备监控家庭能源消耗，实现节能和能源管理。

2. 智能交通

① 车辆互联：通过车载传感器和导航系统实现车辆间的通信，优化路线规划和避免交通拥堵。

② 无人驾驶：利用物联网技术实现车辆的自动驾驶，提高交通安全性和效率。

③ 智能停车：通过智能停车系统实现车位的实时查询和预约，减少停车难问题。

3. 智能制造

① 预测性维护：利用物联网技术实时监测生产设备的运行状态，预测故障并提前进行维护。

② 远程监控：从任何地方实时监控和控制工业设备，提高生产效率和安全性。

③ 供应链管理：通过物联网实现供应链的透明化和可视化，优化库存和物流管理。

4. 智能医疗

① 可穿戴设备：通过智能手环、智能手表等设备监测用户的健康状况，如心率、血压等。

② 远程医疗：利用物联网技术实现医生和患者之间的远程咨询和诊断。

③ 智能药箱：通过智能药箱提醒用户按时服药，并监测用药情况。

5. 智慧农业

① 精准农业：利用物联网技术实现农作物的精准种植和灌溉，提高农作物产量和质量。

② 牲畜监测：通过物联网设备监测牲畜的健康状况和生长情况，提高畜牧业生产效率。

③ 食品安全：利用物联网技术实现食品从生产到消费的全程追溯，保障食品安全。

6. 智能城市

① 环境监测：通过物联网设备监测城市空气质量、水质等环境指标，为城市环境保护提供数据支持。

② 智慧安防：利用物联网技术实现城市公共区域的实时监控和预警，提高城市安全性。

③ 智慧交通：通过智能交通系统优化城市交通流量，减少拥堵和污染。

7. 零售与物流

① 库存管理：通过物联网技术实现库存的实时监控和预警，防止缺货和积压。

② 货物追踪：利用 GPS 和物联网传感器追踪货物的运输情况，确保准时交货。

③ 无人结账：通过物联网和人脸识别技术实现超市等零售场所的无人结账服务。

8. 能源管理

① 智能电表：通过智能电表实时监测能源消耗情况，为用户提供节能建议。

② 智能电网：通过物联网技术实现电网的智能化管理，提高能源利用效率。

③ 新能源监控：利用物联网技术对风电、光伏等新能源进行实时监控和优化调度。

随着技术的不断发展，物联网的应用领域还将不断拓宽和深化。例如，物联网在智慧教育、智慧旅游、智慧金融等领域也有着广泛的应用前景。总之，物联网正逐渐渗透到人们生活的方方面面，为人们的生活带来更多的便利和智能化体验。

小结

本章主要介绍了计算机网络的基本概念、计算机网络的组成、计算机网络的分类、因特网、移动通信技术和物联网。通过本章的学习，学生能够掌握计算机网络的基础知识，了解计算机网络的发展趋势，掌握运用计算机网络解决实际问题的方法；学生可了解计算机专业相关的技术和行业热点，并能就计算机专业领域问题发表自己的观点，进行跨文化沟通和交流。

习题 6

一、单项选择题

1. LAN 和 WAN 是两种不同类型的计算机网络，后者可以________。

   A. 管理几十台到一百台计算机

   B. 以一个单位或一个部门为限

   C. 实现小范围内的数据资源共享

   D. 涉及一个城市，一个国家乃至全世界

2. 目前使用的网络传输介质中，传输速率最高的是________。

   A. 光纤　　B. 同轴电缆　　C. 双绞线　　D. 电话线

3. Internet 实现网络互联采用的通信协议是________。

   A. TCP/IP　　B. IEEE 802. x　　C. X. 25　　D. IPX/SPX

4. 中国的顶层域名是________。

   A. CHINA　　B. CH　　C. CN　　D. CHI

5. 下列用点分十进制数表示的 IP 地址中，错误的表示是________。

   A. 210. 39. 0. 35　　B. 18. 181. 0. 31

   C. 166. 111. 9. 2　　D. 192. 5. 256. 34

6. 顶层域名 com，表明该域名属于________机构。

   A. 国际组织　　B. 教育系统　　C. 政府部门　　D. 商业机构

7. 最早出现的计算机网络是________。

   A. Internet　　B. BITNET　　C. ARPANET　　D. ETHERNET

8. Internet 的域名结构中，顶级域名为 edu 的代表________。

A. 商业机构　　B. 政府部门　　C. 教育机构　　D. 军事部门

9. IP 地址与域名________。

A. 没有对应关系　　B. 有某种对应关系

C. 是一一对应的关系　　D. 域名就是 IP 地址

10. 下列协议中，________用于实现电子邮件的发送。

A. HTTP　　B. FTP　　C. SMTP　　D. Telnet

二、判断题

1. 计算机网络的主要目的是实现计算机之间的资源共享和通信。（　）
2. 星状拓扑结构网络中，任何两台计算机之间的通信都必须经过中心节点。（　）
3. 蓝牙是一种无线网络技术，允许设备通过无线电波连接互联网。（　）
4. Wi-Fi 是一种有线网络技术，使用光纤作为传输介质。（　）
5. HTTP 是互联网上使用最广泛的应用层协议之一，用于在 Web 服务器和客户端之间传输数据。（　）
6. IP 地址是唯一且永不改变的，用于永久标识网络上的每一台设备。（　）
7. OSI 模型中的第一层是数据链路层，负责数据的帧封装与传输。（　）
8. 物联网的传感技术可以感知周围环境和特殊物质，将模拟信号转化为数字信号，提供给中央处理器处理。（　）

三、填空题

1. 计算机网络至少由网络设备、________及网络软件三部分组成。
2. TCP/IP 协议的含义是________和________。
3. IP 地址（IPv4）由________位二进制数组成。
4. 网络间的通信按一定的规则和约定进行，这些规则和约定称为________。
5. 广域网的英文缩写为________，局域网的英文缩写为________。

四、简答题

1. 按照覆盖的地理范围进行分类，计算机网络可以分哪几类？
2. 移动通信技术经历了哪几个时代？
3. 物联网的关键技术主要有哪些？

第7章 计算机信息安全和职业道德

引言

计算机技术的发展，特别是计算机网络的广泛应用，对社会发展产生了重大影响。但是也不可避免地带来一些新的社会、道德与法律等问题。例如，在人们方便、有效地共享各领域信息的同时，计算机犯罪案件频频爆发而且逐年上涨。计算机犯罪是一种高技术型犯罪，犯罪分子攻击的重点对象是计算机网络。从1986年首例计算机病毒被发现以来，计算机病毒的数量以指数级增加，其行踪随处可见。本章将简要介绍计算机信息安全相关内容，包括计算机信息安全的概念、计算机病毒、计算机黑客、计算机犯罪、信息安全技术、信息道德、信息技术中的知识产权、法律与法规，以及计算机相关的职位、教育、认证、简单的求职知识。

内容结构图

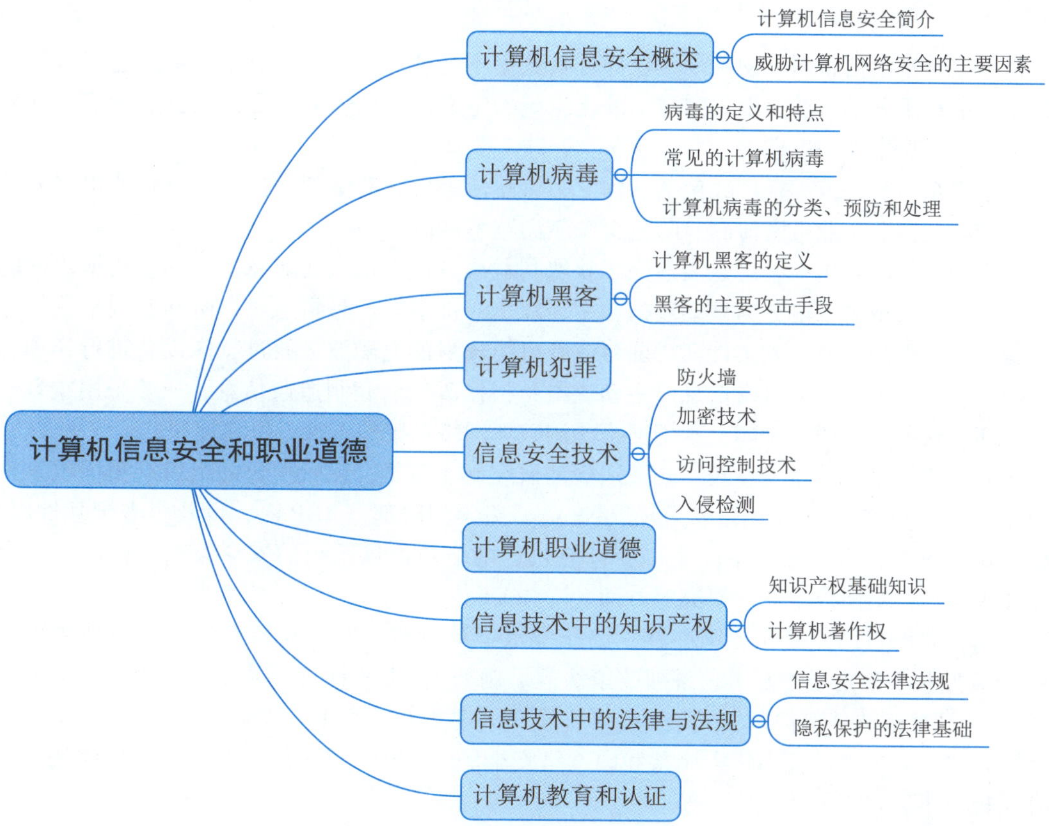

学习目标

① 了解计算机信息安全面临的威胁，维护计算机信息安全所采用的基本技术。
② 掌握维护计算机信息安全的基本方法。
③ 了解信息道德及信息技术中的知识产权。
④ 掌握信息技术中的法律法规，重点是软件产业的政策和法律法规。
⑤ 掌握计算机科学技术专业相关的职业种类。

素养目标

了解我国网络安全形势及我国的网络安全法，要求文明上网，行为规范，维护网络空间主权，促进我国经济社会信息化健康发展。针对计算机病毒传播与预防，主要在预防方面加强学生的诚信教育、法治和友善教育。

7.1 计算机信息安全概述

7.1.1 计算机信息安全简介

信息泛指消息、信号所包含的意义。在计算机系统中，所有的文件，包括各类程序文件和数据文件、资料文件、数据库文件，硬件系统的品牌、结构、指令系统等都属于计算机系统信息。信息作为一种资源，对于人类具有重要意义。提到信息就不可避免地涉及信息的安全问题。

信息安全是指信息网络的硬件、软件及其数据不受破坏、更改、泄露，系统连续可靠正常地运行，信息服务不中断。根据国际标准化组织的定义，信息安全的含义主要是指信息的完整性、可用性、保密性和可靠性。

信息安全涉及的范围很广，包括从国家军事政治等机密安全到保护个人隐私的很多方面的问题，如防范商业企业机密泄露、防范青少年浏览不良信息等。

许多安全问题是由一些恶意用户为了获取利益或者损害他人而故意制造的。根据攻击的目的和方式可以将威胁手段分为被动攻击和主动攻击。被动攻击是指通过窃听和监视来获得存储和传输信息。例如，通过收集计算机屏幕或者电缆辐射的电磁波，通过特殊设备进行还原，以窃取商业、军事和政府的机密信息。主动攻击是指修改信息和制造假信息，一般采用重现、修改、破坏和伪装等手段。例如，利用网络漏洞破坏网络系统的正常工作和管理。

国外关于网络与信息安全技术相关法规的研究起步较早，比较重要的组织有美国国家标准与技术协会（NIST）、美国国家安全局（NSA）、美国国防部（ARPA），以及很多国际性组织。它们的工作重点各有侧重，主要集中在计算机、网络与信息系统的安全策略、标准、安全工具、防火墙、网络防攻击技术研究等方面。

目前，我国与世界其他各国一样，都非常重视计算机、网络与信息安全的立法问题。从1987年开始相继制定与颁发了一系列政策法规。例如，《电子计算机系统安全规范》（1987年10月）、《计算机软件保护条例》（1991年5月）、《中华人民共和国计算机信息与系统安全保护条例》（1994年2月）、《中华人民共和国网络安全法》（2017年6月）、《新时代网络法治建设法律法规全书》（2023年3月）等。

7.1.2　威胁计算机网络安全的主要因素

目前，计算机系统基本是以网络作为运行平台，因此计算机安全问题主要表现为计算机网络的安全问题。网络安全就是要保证在网络环境中存储、处理和传输的各种信息的安全。威胁网络安全的主要因素有以下几种：

1. 网络防攻击问题

要保证运行在网络环境中信息系统的安全，首先要保证网络自身能够正常工作。要防止网络被攻击；或者由于预先采取了防攻击措施，虽然网络被攻击了，但是网络还可以正常工作。

在 Internet 中，对网络的攻击分为服务攻击和非服务攻击两种基本类型。前者是指对网络提供某种服务的服务器发起攻击，造成该网络“拒绝服务”，网络工作不正常；后者是指攻击者使用各种方法对网络通信设备，如交换机、路由器等发起攻击，使网络通信设备严重阻塞或者瘫痪，造成一个局域网或者几个子网不能正常工作或完全不能工作。

2. 网络安全漏洞问题

网络运行将涉及计算机硬件与操作系统、网络硬件与网络软件、数据库管理系统、应用软件和通信协议等。各种硬件、操作系统和应用软件都会存在一定的安全问题，它们不是 100% 的无缺陷或者无漏洞。例如，TCP/IP 协议是 Internet 使用的最基本的通信协议，同样 TCP/IP 协议也存在可以被攻击者利用的安全漏洞；UNIX 是 Internet 中广泛应用的网络操作系统之一，但是不同版本的 UNIX 操作系统中，多多少少都可以找到能被攻击者利用的漏洞；用户开发的各种应用软件可能会出现更多能被攻击者利用的漏洞。网络攻击者研究这些安全漏洞，并把这些安全漏洞作为攻击网络的首选目标。

3. 网络信息保密问题

网络中的信息安全保密主要包括两部分：信息存储安全和信息传输安全。信息存储安全是指如何保证存储在联网的计算机中的信息不会被未授权的网络用户非法使用。网络中的非法用户可以通过猜测或者窃取用户密码的办法或者想办法绕过网络安全认证系统，冒充合法用户，非法查看、下载、修改、删除未授权访问的信息，享受未授权的网络服务。网络传输安全是指如何保证信息在网络传输过程中不被泄露与不被攻击，即从源节点发出的信息在传输过程中不被截获、窃听、篡改或者伪造等。

保证网络信息安全的主要技术是数据加密与解密算法。在密码学中，将源信息称为明文，为了保护明文，将它通过某种算法进行变换，使明文成为无法识别的密文。对于需要保护的重要信息，在传输或者存储过程中使用密文表示。将明文变换成密文的过程称为加密；将密文恢复成明文的过程称为解密。

4. 网络内部安全防范问题

这种威胁主要来自网络内部，一方面要防止信息源节点用户对其发送的信息事后不承认或者信息目的节点收到信息之后抵赖不认账。“防抵赖”是保证网络信息传输安全的重要内容之一。尤其是在电子商务中，它是必须解决的一个重要问题。另一方面是防止内部具有合法身份的用户有意或者无意地做出对网络和信息安全有害的行为。例如，泄露用户或者管理员的密码；违反网络安全规定，绕过防火墙私自与外部网络连接，造成系统安全漏洞；违反网络使用规定，越权查看、修改、删除系统文件、应用程序和数据；越权修改网络系统配置，造成网络工作不正常；私自将带有病毒的个人移动设备拿到公司的网络中使用，等等。这类问题经常会出现，而且危害性极大。

5. 网络防病毒问题

网络病毒的危害人人皆知，据统计，目前 70% 的病毒发生在网络上，联网型病毒的传播速度是单机的 20 倍，网络服务器消除病毒所花费的时间是单机的 40 倍。电子邮件炸弹可以轻易地使用户计算机瘫痪。有些网络病毒甚至会破坏系统硬件。有关病毒的定义、特点及防治方法将在后面讲述。

6. 网络数据的备份与恢复

在实际的网络运行环境中，数据备份与恢复功能是非常重要的。因为网络安全问题可以从预防、检查、反应等方面减少不安全因素，但是要完全消除不安全事件是不可能的。

7.2 计算机病毒

7.2.1 病毒的定义和特点

2011 年 1 月 8 日修订的《中华人民共和国计算机信息系统安全保护条例》中对计算机病毒有如下定义：“计算机病毒，是指编制或在计算机程序中插入的破坏计算机功能或者毁坏数据，影响计算机使用，并能自我复制的一组计算机指令或者程序代码”。计算机病毒是一种“计算机程序”，通常隐藏在计算机系统中，具有一定的破坏性，并能够传播、感染到其他系统，执行恶意的操作。

计算机病毒是早期的恶意代码形式，随着互联网的广泛使用，出现了具有混合型特征的新型病毒，这些病毒集普通病毒、蠕虫、木马和黑客等技术于一身，是目前恶意代码的主要形式。

计算机病毒产生的原因有如下几方面：某些计算机爱好者为炫耀其高超技术，编制一些不具有破坏性的小程序；某些组织或个人为达到其政治、经济或军事等目的，对政府机构或单位的计算机系统进行破坏。

计算机病毒具有破坏性、传染性、隐蔽性、潜伏性和不可预见性等主要特点。

1. 破坏性

计算机病毒的目的在于破坏系统的正常运行，或占用系统资源，降低工作效率，或导致系统崩溃。由此可将病毒分为良性病毒与恶性病毒。良性病毒可能只显示一些画面或播放音乐，没有破坏性，但会占用系统资源。这类病毒较多，如 GENP、小球、W-BOOT 等。恶性病毒则有明确的目的，如删除文件、格式化磁盘等，对用户造成不可挽回的损失。

2. 传染性

传染性也称自我复制或传播性，是其本质特征。在一定条件下，病毒可以通过某种方式从一个文件或一台计算机传染到其他文件或计算机。

3. 隐蔽性

计算机病毒通常依附在正常程序或磁盘中较隐蔽的地方，很难与正常程序区分开。正是这种特性使病毒在被发现之前，已对系统造成了破坏。

4. 潜伏性

病毒侵入计算机系统后，不会马上发作，具有一定的潜伏期，只有在满足某种特定条件时才发作，以此达到广泛传播的目的。例如，著名的“黑色星期五”在每逢 13 日星期五的那天发作；“上海一号”会在每年三、六、九月的 13 日发作；引起广泛影响的 CIH 病毒会在每月的 26 日发作。这些病毒在平时会隐藏得很好，只有在发作时才暴露出本来面目。

7. 2. 2　常见的计算机病毒

2024 年，计算机病毒威胁变得愈发多元化和复杂化。涉及勒索病毒、二维码病毒、挖矿木马等 15 种类型，这些病毒从数据勒索到系统入侵，对全球网络安全构成严峻挑战。不同传播方式如社交媒体、移动介质、网页、短信等使得设备容易受到感染。同时，隐蔽的内存木马、键盘监听等威胁也不断增加。

1. 勒索病毒

勒索病毒是一种恶意软件，通过加密用户设备上的文件，限制对其访问，然后勒索用户支付赎金以获取解密密钥。这种病毒威胁个人和企业数据安全，可能导致巨额损失和严重的隐私问题。

2. 二维码病毒

二维码病毒是一种通过在二维码中隐藏恶意链接或代码的恶意软件。一旦用户扫描感染的二维码，可能导致恶意软件下载、个人信息泄露或远程攻击。这种病毒利用人们扫描二维码的行为，成为潜在的传播途径，对移动设备和个人隐私构成威胁。

3. 挖矿木马

挖矿木马是一种恶意软件，通过感染受害者的设备，利用其计算能力进行加密货币挖矿。这种木马悄无声息地利用计算资源，可能导致设备性能下降、电力成本上升，并对个人及企业网络安全构成威胁。挖矿木马通常通过恶意下载链接、感染网站或电子邮件附件传播，成为现代网络犯罪中的一种盈利手段。

4. 移动介质病毒

移动介质病毒是一种感染移动设备的恶意软件，利用可移动介质如 USB、SD 卡传播。一旦感染，它可能窃取个人信息、监控通信或传播到其他设备。这种病毒威胁移动设备和数据安全，通过利用人们分享存储介质的行为，迅速传播。用户需要谨慎插入未知来源的移动介质，以防范这种潜在威胁。

5. 网页病毒

网页病毒是一种恶意软件，通过在网页中植入恶意代码，危害用户设备安全。用户访问受感染的网页时，可能面临个人信息泄露、设备感染或远程攻击。这种病毒可通过恶意广告、被黑客篡改的网站等途径传播，对个人和企业的在线安全构成潜在风险。保持浏览器和安全软件的更新，并避免访问不信任的网站，有助于预防网页病毒的感染。

6. 僵尸网络病毒

僵尸网络病毒是一种恶意软件，将感染的设备集成为一个网络（僵尸网络）。黑客可远程控制这些设备，用于进行分布式拒绝服务攻击、发送恶意流量等恶意活动。这种病毒使设备失去自主性，成为攻击的一部分，对网络基础设施构成潜在威胁。防范措施包括定期更新防病毒软件、强化网络安全措施，以减少僵尸网络病毒对互联网安全的影响。

7. 内存木马

内存木马是一种恶意软件，将恶意代码植入计算机内存，绕过传统防病毒软件检测。它们在系统运行时执行，通常隐蔽性极高，可用于窃取敏感信息、远程控制设备等恶意活动。由于不依赖于文件存储，内存木马具有更高的隐蔽性和持久性。定期更新防病毒软件、监控系统活动，是预防内存木马攻击的关键举措。

8. 短信病毒

短信病毒是一种通过短信传播的恶意软件，可能包含恶意链接或附件。一旦用户点击或下载，病毒可能导致设备感染、个人信息泄露或远程攻击。这种病毒利用短信作为传播途径，对移动设备和个人隐私构成威胁。谨慎对待未知发送者的短信，避免点击可疑链接，有助于防范短信病毒感染。

9. 键盘监听病毒

键盘监听病毒是一种恶意软件，能够记录用户键盘输入，窃取敏感信息如密码、信用卡号。这种病毒对个人隐私形成直接威胁，黑客可通过远程访问或本地记录手段收集敏感数据。防范方法包括定期更新防病毒软件、使用安全网络连接、避免在不受信任的设备上输入敏感信息。

10. 输入法劫持病毒

输入法劫持病毒是一种恶意软件，通过篡改或劫持用户的输入法，可能导致用户输入的信息被窃取或遭到篡改。黑客可通过这种方式获取敏感信息如登录凭证、信用卡号。用户需警惕安装来自不信任来源的输入法应用，定期检查和更新安全软件，以防范输入法劫持病毒的潜在威胁。

11. 数据擦除病毒

数据擦除病毒是一种恶意软件，其主要目的是擦除设备上的数据。一旦感染，这种病毒可能导致不可逆的数据损失，对个人和企业的信息安全构成极大威胁。数据擦除病毒可能是有意的破坏行为，引发数据不可恢复的情况。采取定期备份数据、强化网络安全策略等措施，有助于防范数据擦除病毒的潜在风险。

12. 蠕虫病毒

蠕虫病毒是一种自我复制并传播的恶意软件，通过感染一台主机后，能够自动传播到其他系统，形成网络传播。这种病毒可能导致网络拥塞、系统性能下降，对基础设施和企业网络造成威胁。与传统病毒不同，蠕虫病毒无须依附于可执行文件，通过网络连接直接传播，使其传播速度更快且更具破坏力。有效的网络安全措施和定期更新防病毒软件对防范蠕虫病毒至关重要。

13. Rootkit 恶意软件

Rootkit 恶意软件是一种植入系统内核的恶意软件，隐蔽性极高，难以被传统防病毒软件检测。它可用于长期监控设备、窃取敏感信息，且能够隐藏自身及其他恶意活动。Rootkit 对操作系统的深层次修改使其难以被清除。采取定期更新防病毒软件、监测系统行为的方法，有助于发现和防范 Rootkit 的潜在威胁。

14. 文件型宏病毒

文件型宏病毒是一种恶意软件，通过植入文档的宏命令执行恶意行为。这种病毒常隐藏在办公文档中，一旦用户打开，它可触发宏执行，导致恶意代码运行。文件型宏病毒可能导致文件损坏、数据泄露，对办公环境和文件安全构成威胁。警惕打开未知来源的文档、启用宏功能，以防范文件型宏病毒感染。

15. 广告恶意软件

广告恶意软件是一种通过广告渠道传播的恶意软件，可能导致点击欺诈、恶意重定向等问题。这种病毒通过广告植入，威胁用户体验和安全。用户在访问受感染网站或点击恶意广告时，可能面临个人信息泄露、设备感染或被引导至欺诈站点。保持浏览器和安全软件的更新、避免点击可疑广告，有助于防范广告恶意软件的潜在威胁。

7.2.3　计算机病毒的分类、预防和处理

1. 病毒的分类

计算机病毒可以按不同标准进行分类。根据分类标准的不同，同一病毒可属于很多类。常用的分类方式主要有如下几种：

（1）按照计算攻击对象或系统分类

① 攻击 DOS 系统的病毒：这类病毒出现最早、最多，变种也最多，大约有 4 000 多种。

② 攻击 Windows 系统的病毒：Windows 的图形用户界面（graphical user interface，GUI）和多任务操作系统深受用户的欢迎，从而成为病毒攻击的主要对象。例如，破坏计算机硬件的 CIH 病毒。

③ 攻击 UNIX 系统的病毒：当前，UNIX 系统应用非常广泛，并且许多大型的操作系统均采用 UNIX 作为其主要的操作系统，所以 UNIX 病毒的出现，对信息处理也是一个严重的威胁。

（2）按照链接方式分类

① 源码型病毒：该病毒攻击用高级语言编写的程序，在程序编译前插入源程序中，经编译成为合法程序的一部分。

② 嵌入型病毒：这种病毒是将自身嵌入现有程序中，把计算机病毒的主体程序与其攻击的对象以插入的方式连接。这种计算机病毒难以编写，一旦侵入程序体后也较难消除。如果同时采用多态性病毒技术、超级病毒技术和隐蔽性病毒技术，将给当前的反病毒技术带来严峻的挑战。

③ 外壳型病毒：将其自身包围在主程序的四周，对原来的程序不进行修改。这种病毒最为常见，易于编写，也易于发现，一般测试文件的大小即可知是否中了此种病毒。

④ 操作系统型病毒：这种病毒意图加入或取代部分操作系统程序进行工作，具有很强的破坏力，可以导致整个系统瘫痪。圆点病毒和大麻病毒就是典型的操作系统型病毒。这种病毒在运行时，用自己的逻辑部分取代操作系统的合法程序模块，对操作系统进行破坏。

（3）按照计算机病毒的破坏情况分类

① 良性计算机病毒：指不包含对计算机系统产生直接破坏作用的代码。这类病毒只是不停地进行扩散，从一台计算机传染到另一台，并不破坏计算机内的数据。其实良性、恶性是相对而言的。良性病毒取得系统控制权后，会导致整个系统和应用程序争抢 CPU 的控制权，时时导致整个系统死锁，给正常操作带来麻烦。因此，不能轻视所谓良性病毒对计算机系统造成的损害。

② 恶性计算机病毒：指在其代码中包含有损伤和破坏计算机系统的操作，在其传染或发作时会对系统产生直接的破坏作用。这类病毒很多，如米开朗琪罗病毒。当米氏病毒发作时，硬盘的前 17 个扇区将被彻底破坏，使整个硬盘上的数据无法恢复。有的病毒还会格式化硬盘。因此，恶性病毒是很危险的，应当注意防范。通常防病毒系统可以通过监控系统内的异常动作识

别出计算机病毒的存在与否，或发出警报提醒用户注意。

(4) 按照传染方式分类

传染性是计算机病毒的本质属性，按照传染方式分类，可分为以下几种：

① 磁盘引导区传染的计算机病毒：主要是用病毒的全部或部分信息取代正常的引导记录，而将正常的引导记录隐藏在磁盘的其他地方。因此，这种病毒在系统启动时就能获得控制权，其传染性较强。引导区传染的计算机病毒较多，如“大麻”和“小球”病毒就是这类病毒。

② 操作系统传染的计算机病毒：操作系统是一个计算机系统得以运行的支持环境，包括 .com、.exe 等许多可执行程序及程序模块。操作系统传染的计算机病毒就是利用操作系统中所提供的一些程序及程序模块寄生并传染的。通常，这类病毒作为操作系统的一部分，只要计算机开始工作，病毒就随时可能被触发。而操作系统的开放性和不绝对完善性又给这类病毒出现的可能性与传染性提供了方便。例如，“黑色星期五”即为此类病毒。

③ 可执行程序传染的计算机病毒：通常寄生在可执行程序中，一旦程序被执行，病毒就被激活。病毒程序首先被执行，并将自身驻留内存，然后设置触发条件，进行传染。

(5) 按照寄生方式和传染途径分类

计算机病毒按其寄生方式大致可分为两类：一是引导型病毒；二是文件型病毒。引导型病毒利用磁盘的启动原理工作，修改系统启动扇区。文件型病毒感染计算机文件。混合型病毒集引导型和文件型病毒特性于一体，因此这种病毒更容易传染。

2. 病毒的预防

“预防为主，治疗为辅”这一方针完全适用于对计算机病毒的处理。运用一些现存的病毒检测程序或人工检测方法，完全可以及时发现病毒，并在其造成损失前解决问题。一般情况下，可以从以下几方面采取措施：

(1) 访问控制

建立访问控制策略不仅是一种良好的安全措施，而且可以防止恶意程序的传播，保护用户系统免遭病毒传染。

(2) 进程监视

进程监视会观察不同的系统活动，并且拦截所有可疑行为，可防止恶意程序入侵系统。

(3) 校验信息的验证

常用的校验信息是循环冗余校验码（cycllic redundancy check，CRC），这是一种对文件中的数据进行验证的数学方法。如果文件内部有一个字节发生变化，校验和信息就会发生变化，但是文件的大小可能不变。一般情况下，未被病毒感染的系统首先应生成一个基准记录，然后规律性地采用 CRC 方式检查文件的改变情况。

(4) 安装病毒扫描软件

最常用的病毒检测方法是安装病毒扫描软件。病毒扫描软件使用特征文件在被传染的文件中查找病毒。特征文件实际上就是一个数据库，包括所有已知病毒和它们的属性。这些属性包括各种病毒的代码、传染文件的类型和有助于查找病毒的其他信息。使用独立的文件存储这些信息，可以对已有软件的相应文件进行替代升级，用户可以查找最新的病毒，不需要用户对整个程序进行升级。因为每个月都会有新病毒出现，所以这种方法十分有效。

(5) 启发式扫描程序

启发式扫描程序会进行统计分析，以决定具有程序代码的文件中存在病毒的可能性。这种扫描程序不像病毒扫描程序那样比较程序代码和特征文件，而且使用分级系统判定所有分析的程序代码含有病毒程序的概率。

3. 病毒的处理

消除病毒的方法很多，对普通用户来说，最简单的方法就是使用杀毒软件，下面介绍 3 种方法：

(1) 引导型病毒

磁盘格式化是消除引导型病毒的最直接方法。但是，用此方法格式化磁盘后，不但病毒被杀死，数据也被清除了，类似于“同归于尽”。

(2) 文件型病毒

破坏性病毒在感染时，由于将病毒程序硬性覆盖掉一部分宿主程序，使宿主程序被破坏。所以，即使把病毒杀死，宿主程序也不能被恢复，如果没有备份，将会造成损失。其他文件型病毒感染健康程序后，一般可以将病毒程序安全杀死。

(3) 病毒交叉感染

有时候一台计算机内部潜伏着几种病毒，一个健康程序在这台计算机上运行时，会感染多种病毒，引起交叉感染。在这种情况下，要格外小心，必须分清楚病毒感染的先后顺序，先杀死后感染的病毒。否则，虽然病毒被杀死，但是程序也不能运行了。

7.3 计算机黑客

7.3.1 计算机黑客的定义

黑客是 Hacker 的音译，是指那些精通网络、系统、外设以及软硬件技术的人。有些黑客不顾法律和道德的约束，有的出于刺激，有的被非法组织所收买，有的出于强烈的报复心理，肆意攻击和破坏一些组织或者部门的网络系统，危害很严重。

黑客的行为有三方面发展趋势：

① 手段高明化：黑客已经意识到单靠个人力量远远不够，逐步形成了团体，利用网络交流经验，实施团体攻击。

② 活动频繁化：黑客工具的大众化是黑客活动频繁的主要原因。做黑客已经不再需要掌握大量的计算机和网络知识，学会使用几个黑客工具，就可以在互联网上进行攻击活动。

③ 动机复杂化：黑客的动机目前不再局限于为了个人、金钱和刺激，已经和国际的政治和经济变化紧密结合在一起。

7.3.2 黑客的主要攻击手段

目前，黑客攻击的方式和手段多种多样，按其破坏程度和破坏手段主要分为以下几种：

1. 饱和攻击

饱和攻击又称拒绝服务攻击，其攻击原理是，大量的计算机同时向同一台主机不停地发送 IP 数据包，使该主机忙于应付这些数据包而无暇顾及正常的服务请求，最终保护性地停止一切服务。但是这种攻击手段简单，攻击来源很容易通过路由器识别，难逃法律制裁。另外，组织至少几十万台计算机也不是一件容易的事情，所以除了一些特殊情况下，一般这种攻击发生的概率几乎为零。

2. 攻击网站

这种攻击主要是通过修改网站的主页和网页链接达到目的。它对计算机的损害最小，但影响极大。因为主页是一个网站的形象代言，也是人们浏览频率最高的网页。虽然事后可以通过备份数据快速恢复，但是在网页被篡改的时间内对网站的影响是十分恶劣的。更改网站的网页有很多种方法，黑客主要采用两种方法：一是通过 WWW 方式直接修改；二是通过控制主机进行修改。

3. 陷门攻击

陷门是进入程序的秘密入口，知道陷门的人可以不经过通常的安全访问过程而获得访问。程序员为了进行调试和测试程序，已经合法地使用了很多年陷门技术。开发者想要获得专门的特权，或者避免烦琐的安装和鉴别过程，或者想要保证在另一种激活或控制程序的方法（如通过一个特定的 ID、秘密口令、隐藏的事件序列或过程等），这些方法都可以避开建立在应用程序内部的鉴别过程。

黑客设计陷阱，目的就是为了以特殊身份进入程序或者系统，并使得他们的活动不被系统管理员察觉。正常情况下，操作员在系统内的一些关键操作会被日志记录下来，系统发生问题时，系统管理员可以通过分析日志来查找问题的原因。而许多陷门程序能够提供一种途径使其活动不被系统日志记载，当黑客通过陷门进入系统时，日志中却没有他们的活动记录。

4. 特洛伊木马

特洛伊木马（简称木马）是一种秘密潜伏，并能够通过网络进行远程控制的恶意程序。特洛伊木马采用隐藏机制执行非授权功能，是黑客窃取信息的主要工具。黑客可以控制植入木马计算机的一切活动和资源。完整木马程序一般由服务端（被控制端）和客户端（控制端）两部分组成。“中了木马”是指计算机被安装了服务端程序，此时，拥有相应客户端的黑客就可以通过网络控制被入侵的系统。

常见的木马程序有网页木马、远程访问木马和利用应用软件漏洞制作的木马。

① 网页木马是利用 IE 或 Windows 组件的漏洞（一般为缓冲区溢出）执行命令，由 HTML 网页文件和木马文件两部分组成。如果用户的操作系统存在漏洞，在访问带有网页木马的文件时会自动执行木马程序。为逃避杀毒软件的查杀，网页木马以框架网页的形式嵌入正常网页中，将框架网页的宽度和高度设为 0，用户在浏览时，不会有视觉上的异常，因而网页木马不容易被察觉。

② 黑客可以将网页木马植入个人网站、商业网站以及门户网站等，还可以将其制作成垃圾邮件，批量发送。黑客通过网页木马控制个人计算机、盗取个人账号等隐私信息。

③ 远程访问木马具有后门的功能，黑客通过此后门向被植入木马计算机传输文件、搜索数据、运行程序，还可以将其作为入侵其他计算机的中转站。

④ 利用应用软件漏洞制作的木马较难识别，危害较高，常用的办公应用软件，通常都存在安全漏洞。利用应用软件漏洞制作的木马，通常以邮件的形式传播给用户，当用户打开邮件时，木马程序会自动执行。

与病毒和蠕虫不同的是，木马通常不会自我复制，主要是伪装成实用程序、应用软件或游戏，诱使用户下载，并将其安装在 PC 或服务器上。

7.4 计算机犯罪

随着计算机技术的不断发展，违法犯罪案件急剧上升，因此需要对计算机网络违法行为加以限制和约束。计算机网络犯罪往往与信息窃取紧密相连。

1. 计算机犯罪的概念

在学术研究上关于计算机犯罪迄今为止尚无统一的定义。计算机犯罪的类型和领域涉及面不断增加，计算机犯罪这一概念随着时间的推移不断获得新的含义。

计算机犯罪的概念是 20 世纪五六十年代在信息科学技术比较发达的国家首先提出的。国内外对计算机犯罪的定义不尽相同，目前普遍认可的计算机犯罪是指在信息活动领域中，利用计算机信息系统或计算机信息知识作为手段，对国家、团体或个人造成危害的行为。计算机犯罪的概念可以从广义和狭义两个角度来理解。广义上，计算机犯罪包括行为人故意直接对计算机实施侵入或破坏，或者利用计算机实施金融诈骗、盗窃、贪污、挪用公款、窃取国家秘密等犯罪行为。狭义上，计算机犯罪仅指行为人违反国家规定，故意侵入国家事务、国防建设、尖端科学技术等计算机信息系统，或者利用技术手段对计算机信息系统的功能及有关数据、应用程序等进行破坏、制作、传播计算机病毒，影响计算机系统正常运行且造成严重后果的行为。

一般来说，计算机犯罪可以分为两类：使用计算机与网络新技术的传统犯罪和计算机与网络环境下的新型犯罪。前者包括网络诈骗和勒索、侵犯知识产权、网络间谍、泄露国家秘密等非法活动，后者包括未经授权非法使用计算机、破坏计算机信息系统、发布恶意计算机程序等。

同传统的犯罪相比，计算机犯罪更容易，仅仅需要一台连到网络上的计算机便可以实施。计算机犯罪已成为普遍的国际性问题，据美国联邦调查局报告，计算机犯罪是商业犯罪最大的犯罪类型之一，每笔犯罪的平均金额为 45 000 美元，每年计算机犯罪造成的损失高达 50 亿美元。

2. 计算机犯罪的特点

(1) 犯罪的成本低，传播迅速，传播范围广

黑客利用程序犯罪，发送几封电子邮件，被攻击者只要点击邮件，犯罪活动就完成。因此。不少犯罪分子越来越喜欢用因特网来实施犯罪。计算机网络犯罪的受害者地域广、范围大，可能是全世界的人。

(2) 犯罪的手段隐蔽性高

由于网络具有开放性、不确定性、虚拟性和超越时空性等，犯罪手段看不见、摸不着，破坏波及面广，而犯罪嫌疑人的流动性却不大，难以收集证据，使得计算机网络犯罪具有极高的隐蔽性，增加了计算机网络犯罪案件的侦破难度。

(3) 犯罪行为具有严重的社会危害性

随着计算机技术的飞速发展，信息网络已成为社会发展的重要保证，其涉及国家政府、军事、文教等诸多领域，大量的联网计算机都是犯罪侵害的潜在目标。

(4) 犯罪的智能化程度越来越高

犯罪分子大多受过较好教育或专业训练，熟悉计算机系统技术，具有一定学历，对实施犯罪领域的专项技能比较娴熟。

要在打击计算机犯罪活动中占得先机、取得胜利，就必须从道德、法制、科技、监督等多方面全线出击，严格执法、发展科技、注重预防、加强监督，团结一切力量，做到“未雨绸缪，犯则必惩”，积极主动地开展计算机犯罪的预防活动，增强对网络破坏者的打击处罚力度。

7.5 信息安全技术

信息安全领域常用的技术有防火墙、加密、访问控制、入侵检测等，除此之外，为了保障信息安全可靠，还要在系统容灾和管理策略方面下功夫。

7.5.1 防火墙

防火墙一词来源于早期的欧式建筑，它是建筑物之间的一道矮墙，用来防止发生火灾时火势蔓延。在计算机网络中，防火墙通过对数据包的筛选和屏蔽，防止非授权访问进入内部或外部计算机网络。通常内部网络是可信的、安全的，外部网络（如 Internet）是不可信、不安全的。因此，防火墙可以定义为：位于可信网络与不可信网络之间，并对二者之间流动的数据包进行检查的系统，如图 7-1 所示。

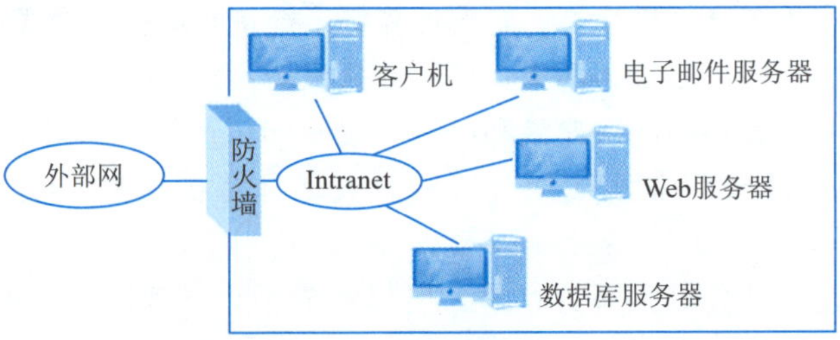

图 7-1　防火墙示意图

内部网络与外部网络的所有通信数据包都必须经过防火墙，而防火墙只放行合法的数据包，因此它在内部网络和外部网络之间建立了一道屏障。只要安装一个简单的防火墙，就可以屏蔽掉大多数外部的探测与攻击。

一套完整的防火墙系统通常由屏蔽路由器和代理服务器组成。

屏蔽路由器是一个多端口的 IP 路由器，它依据组规则检查每一个到来的 IP 包判断是否对之进行转发。屏蔽路由器从报头取得信息，例如，协议号、收发报文的 IP 地址和端口号、连接标志以及另外一些 IP 选项，对 IP 包进行过滤。

代理服务器是防火墙中的一个服务器进程，它能够代替网络用户完成特定的 TCP/IP 功能。一个代理服务器本质上是一个应用层的网关，一个为特定网络应用而连接两个网络的网关。例如，用户就一项 TCP/IP 应用 FTP，与代理服务器打交道，代理服务器会要求用户提供其要访问的远程主机名。当用户答复并提供了正确的用户身份及认证信息后，代理服务器连通远程主机，为两个通信点充当中继，并且整个过程对用户完全透明。

1. 防火墙的功能

随着安全性问题上的失误和缺陷越来越普遍，对网络的入侵不仅来自高超的攻击手段，也有可能来自配置上的低级错误或不合适的口令选择。因此，防火墙的作用是防止不希望的、未授权的通信进出被保护的网络。从总体看，防火墙主要有以下五项功能：

① 过滤进/出内部网络的数据。

② 管理进/出内部网络的访问行为。

③ 封堵某些禁止的行为。

④ 记录通过防火墙的数据内容和活动。

⑤ 对网络攻击进行检测和报警。

由于防火墙假设了网络边界和服务，因此更适合于相对独立的网络，如 Internet 等种类相对集中的网络。

2. 防火墙的类型

按照防火墙处理的数据所处的层级，可以将防火墙分为两大类：网络层防火墙和应用层防火墙。前者以以色列的 Checkpoint 防火墙和 Cisco 公司的 PIX 防火墙为代表；后者以美国 NAI 公司的 Gauntlet 防火墙为代表。

(1) 网络层防火墙

网络层防火墙是一种 IP 封包过滤器（允许或拒绝封包资料通过的软硬结合装置），运作在底层的 TCP/IP 协议堆栈上，以枚举的方式，只允许符合特定规则的封包通过，其余的一概禁止穿越防火墙。这些规则通常可以经由管理员定义或修改，不过某些防火墙设备可能只能套用内置的规则。

(2) 应用层防火墙

应用层防火墙是在 TCP/IP 堆栈的“应用层”上运作，使用浏览器时所产生的数据流或者使用 FTP 时的数据流都属于这一层。应用层防火墙可以拦截进出某应用程序的所有封包，并且封锁其他的封包（通常直接将封包丢弃）。理论上，这一类防火墙可以完全阻绝外部的数据流进入受保护的机器。

7.5.2 加密技术

数据加密是对数据中的符号排列方式进行改变或将数据按某种规律进行替换，加密后的数据只有合法的接收者能读懂它的内容，而其他人员则即使获得数据也无法知道数据的内容，这就是数据加密。

在数据加密中原始的数据称为明文（plaintext），加密后的数据称为密文（ciphertext），明文与密文之间互相转换的算法称为密码（cipher）。将明文转换成密文的过程称为加密，反之，将密文转换成明文的过程称为解密。在密码中有一个或多个关键性的变量称为密钥（key），密钥在数据加密中起着重要作用。密钥一般有两种：当发送方与接收方双方的密钥相同时，此种数据加密称为对称密钥加密方法，亦可称私有密钥；而当发送与接收方双方的密钥不相同时，则称为非对称密钥加密方法或公共密钥。

下面介绍两种数据加密方法：

1. 对称密钥加密

对称密钥加密方法是发送与接收数据的双方使用相同的密钥，发送方用密钥 K 对明文加密后进行数据传送，而接收方在收到密文后用相同的密钥 K 解密，从而得到明文。

【例 7.1】 设有一常规的英文字母排列如下：abcdefghijklmnopqrstuvwxyz。

我们可以用一种方法改变其排列次序，即按循环的顺序右移两位，此后即成为 cdefghijklm-nopqrstuvwxyzab。

这是一种循环移位算法，是对称密钥加密方法中常用的密码，它的密钥是移位数 k，此处 $k=2$。在有了密码和密钥后即可实施数据加密，其过程如下：

① 发送方对明文加密，如有数据 hello world，经加密后所得到的密文为：jgnnq yqtnf。

② 对密文进行传输，接收方接到密文。

③ 接收方如果未获得密钥，则所接收到的仍为密文，这是一段无法理解的文字。如果接收方获取密钥，此时只要将英文字母系列左移两位，即可解密成为正确的明文。

此种加密方法目前使用较为普遍，常用的有美国的 DES 加密标准。但是，这种加密方法存在着明显的不足之处：

① 容易被破解，因此它仅适用于对安全性要求并不严格的系统。

② 存在着密钥管理与分发的问题。发送者为使接收正确接收到数据，必须将密钥告知接收方。密钥是可以经常变化的，而接收方也是可以改变的，这样就存在着复杂的密钥管理与分发问题。同时密钥在分发过程中也存在着安全问题。

基于这两种安全隐患，对称密钥加密方法并不是最理想的方法。因此，非对称钥加密（也称为公开密钥加密）方法开始流行起来。

2. 非对称密钥加密

非对称密钥加密即公共密钥加密，每个用户有两个密钥：一个是私有密钥（简称私钥），它是保密的，只有用户本人知道：另一个是公共密钥（简称公钥），它并不保密，可以让其他用户知道。该方法的加密算法是用数学中的数论理论所设计的一种方法，在该算法中用公钥加密的数据只有用相应的私钥才能解密。同样，用私钥加密的数据只有用相应的公钥才能解密。

公共密钥加密方法与对称密钥加密方法有所不同，发送方只要使用接收方公开的密钥来加密数据，就只有接收方才能解读该数据，从而达到安全目的。

目前，将两种方法混合使用是一种合理的选择方案，即在一组数据中将其分为核心部分与非核心部分，前者采用公共密钥加密方法，而后者则采用对称密钥加密方法。

数据加密方法既可用软件方法实现也可用硬件方法实现，但目前为加速加密/解密速度，硬件方法实现一般采用加密卡的方法，以前也有采用加密机的方法。

数据加密方法主要用于数据传输中，特别是网络数据的传递。同时，它还可用于文件数据及数据库数据的存储中。

7.5.3 访问控制技术

访问控制是保证网络资源不被非法使用和访问，是网络安全防范和保护的主要核心策略，它规定了主体对客体访问的限制，并在身份识别的基础上，根据身份对提出资源访问的请求加以权限控制：

① 防止非法的主体进入受保护的网络资源。

② 允许合法用户访问受保护的网络资源。

③ 防止合法的用户对受保护的网络资源进行非授权访问。

为获取系统的安全，授权应该遵守访问控制的三个基本原则。

1. 最小特权原则

最小特权原则是系统安全中最基本的原则之一。所谓最小特权是指，在完成某种操作时赋予网络中的每个主体（用户或进程）必不可少的特权。最小特权原则是指，应限定网络中每个主体所必需的最小特权，确保可能的事故、错误、网络部件的篡改等原因造成的损失最小。

最小特权原则使得用户所拥有的权力不能超过他执行工作时所需的权限，它一方面给主体“必不可少”的特权，这就保证了所有的主体都能在所赋予的特权之下完成所需要完成的任务或操作；另一方面，它只给予主体“必不可少”的特权，这就限制了每个主体所能进行的操作。

2. 多人负责原则

多人负责原则即权力分散化，对于关键的任务必须在功能上进行划分，由多人来共同承担，保证没有任何个人具有独立完成任务的全部授权或信息。例如，将任务进行分解，使得没有一个人具有重要密钥的完全副本。

3. 职责分离原则

职责分离是保障安全的一个基本原则。职责分离是指将不同的责任分派给不同的人员以期达到互相牵制，消除一个人执行两项不兼容工作的风险。例如，系统开发工程师、测试工程师、运维工程师应由不同的人担任，为避免安全上的漏洞，有些许可不能同时被同一用户获得。

7.5.4　入侵检测

入侵检测系统（intrusion detection system，IDS）是一种对网络传输进行即时监视、在发现可疑传输时发出警报或采取主动反应措施的网络安全设备。

假如防火墙是一幢大楼的门卫，那么入侵检测系统就是这幢大楼里的监视系统。门锁可以防止小偷进入大楼，但不能防止大楼内部个别人员的不良企图，并且一旦小偷绕过门锁进入大楼，门锁就没有任何作用了。网络中的入侵检测系统恰恰类似于大楼内的实时监视和报警装置，一旦小偷爬窗进入大楼，或内部人员有越界行为，实时监视系统就能发现情况并发出警报。所以，一个有效的入侵检测系统能够检测两种类型的入侵：来自外部的闯入和内部的攻击。

入侵检测系统不具有访问控制能力，像一个有着多年经验、熟悉各种入侵方式的网络侦察员，通过对数据流的分析，从中过滤出可疑数据，通过与已知的入侵方式或正常使用方式进行比较，确定入侵是否发生以及入侵的类型，并进行报警，如图 7-2 所示。网络管理员根据这些报警采取相应的措施。因此，入侵检测系统降低了对网络管理员的技术要求，减轻了网络管理员的负担，提高了网络安全管理的效率和准确性。

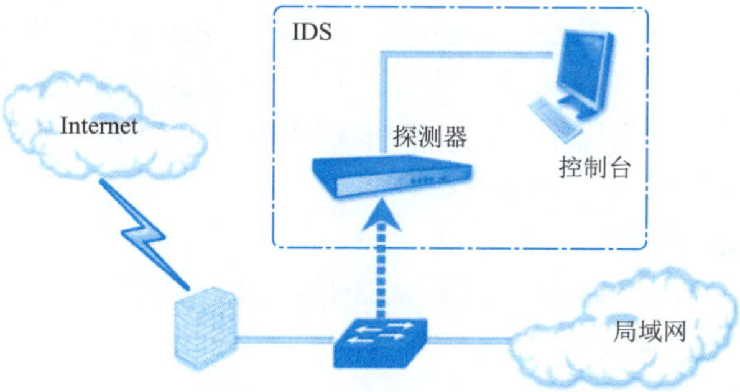

图 7-2　入侵检测示意图

入侵检测系统是一种对网络活动进行实时监测的专用系统，该系统处于防火墙之后，可以和防火墙及路由器配合工作，用来检查一个 LAN 网段上的所有通信，记录和禁止网络活动可以通过重新配置来禁止从防火墙外部进入的恶意流量。入侵检测系统能够对网络上的信息进行快速分析或在主机上对用户进行审计分析，通过集中控制来对数据进行管理、监测。

理想的入侵检测系统的功能主要有：

① 用户和系统活动的监视与分析。

② 系统配置及其脆弱性分析和审计。

③ 异常行为模式的统计分析。

④ 重要系统和数据文件的完整性监测和评估。

⑤ 操作系统的安全审计和管理。

⑥ 入侵模式的识别与响应，包括切断网络连接、记录事件和报警等。

本质上，入侵检测系统是一种典型的“窥探设备”。它不跨接多个物理网段（通常只有一个监听端口），无须转发任何流量，而只需要在网络上被动地、无声息地收集它所关心的报文即可。IDS 分析及检测入侵阶段一般通过以下几种技术手段进行分析：特征库匹配、基于统计的分析和完整性分析。其中，前两种方法用于实时的入侵检测，而完整性分析则用于事后分析。

7.6 计算机职业道德

1. 计算机道德教育的重要性

当前计算机犯罪和违背计算机职业规范的行为非常普遍，已成为很大的社会问题，不仅需要加强计算机从业人员的职业道德教育，而且也要对每一位公民进行计算机职业道德教育，增强人们遵守计算机道德规范的意识。这不仅有利于计算机信息系统的安全，而且有利于整个社会对个体利益的保护。计算机职业道德规范中一个重要的方面是网络道德。网络在计算机信息系统中起着至关重要的作用，大多数黑客开始是出于好奇，违背了职业道德，入侵他人计算机系统，逐步走向计算机犯罪的道路。

为了保障计算机网络的良好秩序和计算机信息的安全性，减少网络陷阱对青少年的危害，有必要启动网络道德教育工程。根据计算机犯罪具有技术型、年轻化等趋势和特点，道德教育必须从学校教育开始。道德是人类理性的体现，是灌输、教育和培养的结果。对抑制计算机犯罪和违背计算机职业道德现象，道德教育活动更能体现出教育的效果。

随着计算机应用领域的日益广泛，开展计算机职业道德教育是十分重要的。在西方发达国家，网络道德教育已成为高等学校的教育课程。目前，我国高校及其他行业已经越来越重视对计算机技术学习者开展职业道德教育，进一步明确教育目标，不断完善课程系统，培养出既具备专业技能又具备良好职业道德的计算机人才。

2. 计算机职业道德标准

不同行业有自己的职业道德标准。在计算机的使用中，存在着各种道德问题，所以各个计算机组织都制定了自己的道德规范。

（1）国际计算机学会

国际计算机学会（ACM）对其成员制定了《ACM 道德和职业行为规范》，要求其成员无论是在本学会中还是在学会外都必须遵守，其中几条基本规范也是所有专业人员必须遵守的。

① 为人类和社会做贡献。

② 不伤害他人。

③ 诚实并值得信赖。

④ 公正，不歧视他人。

⑤ 尊重产权（包括版权和专利）。

⑥ 正确评价知识财产。

⑦ 尊重他人隐私。

⑧ 保守机密。

（2）电气电子工程师学会

电气电子工程师学会（IEEE）是目前世界上最大的非营利性专业技术学会，它是一个工程师的组织，并不局限于计算机方面，因此它的道德规范涉及的范围比计算机要求更广泛。其道德规范如下：

① 始终如一地以公众的安全、健康和财产作为工程决议的出发点，并及时公布可能危及公众和环境的要素。

② 在发表声明或者对现有数据进行评估时，要诚实、不浮夸。

③ 拒绝各种形式的贿赂。

④ 提高对技术、应用及各种潜在后果的了解。

⑤ 保持并提高自己的技术竞争力，只有在经过培训和实践取得资格，或者在有关限制安全公开的条件下，才能替他人承担技术性任务。

⑥ 探索、接受和提出技术工作的真实评价，承认并改正错误，正确评价他人的贡献。

⑦ 不因他人的种族、宗教、性别和国籍而出现不公平待遇。

⑧ 不以恶意的行为来影响他人的身体、财产、声誉和职业。

⑨ 在工作中，协助同事并监督工程师遵守该规范。

（3）软件工程师道德规范

1998 年 IEEE-CS（IEEE 计算机协会）和 ACM 联合特别工作组在对多个计算学科和工程学科规范进行广泛研究的基础上提出了《软件工程资格和专业规范》，本规范含有八组由关键词命名的准则，这些准则对参与其中的个人、群体和组织相互之间的各种关系给出了区别，并指出了在这些关系当中各自的主要义务。

准则一：产品。软件工程师应当尽可能地确保他们开发的软件对于公众、雇主、客户以及用户是有用的，在质量上是可接受的，在时间上要按期完成，并且费用合理，同时无错误。

准则二：公众。从职业角色来说，软件工程应该按照与公众的安全、健康和福利相一致的方式发挥作用。

准则三：判断。在与准则二保持一致的情况下，软件工程师应该尽可能地维护他们职业判断的独立性，并保护判断的声誉。

准则四：客户和雇主。软件工程师的工作应该始终与公众的健康、安全和福利保持一致，他们应该总是以职业的方式担当他们的客户或雇主的忠实代理人和委托人。

准则五：管理。具有管理和领导职能的软件工程师应该公平行事。应使得并鼓励他们所领导的人履行自己的和集体的义务，包括本规范中要求的义务。

准则六：职业。软件工程师应该在职业的各个方面提高他们职业的正直性和声誉，并与公众的健康、安全和福利要求保持一致。

准则七：同事。软件工程师应该公平地对待所有与他们一起工作的人，采取积极的步骤支持社团的活动。

准则八：本人。软件工程师应该在他们的整个职业生涯中，努力增加他们从事自己的职业所应该具有的能力。

7.7 信息技术中的知识产权

计算机网络中蕴涵着大量信息，它们具有巨大的价值，是创造者或开发团队智力、体力、财力付出的结果，同时计算机网络信息传播具有虚拟性和便捷性等特点，法律有必要对这些具有知识产权特征的信息予以保护。

7.7.1 知识产权基础知识

1. 知识产权的概念与特点

知识产权（intellectual property）是指由个人或组织创造的无形资产，权利人对其所创作的智力劳动成果所享有的专有权利，与有形资产一样，它也应该享有专有权利。

知识产权通常是指各国法律赋予智力劳动成果的创造人对其创造性的智力劳动成果所享有的专有权利。知识产权是一个发展的概念，其内涵和外延随着社会经济文化的发展也在不断拓展和深化。

2. 知识产权的性质和特征

从知识产权的本质来看，是一种无形财产权，法律上属于民事权利，知识产权的特征主要包括以下几方面：

① 专有性：知识产权具有独占性或垄断性，权利人对其智力成果享有独占权。未经权利人许可，任何人不得擅自以营利目的实施受法律保护的智慧创作物。

② 地域性：知识产权的效力仅限于法律所确认和保护的地域范围内。一个国家或地区所授予的知识产权仅在该国或地区内有效，对其他国家和地区不发生法律效力。

③ 时间性：大多数知识产权的保护期限是有限的。一旦超过法律规定的保护期限，知识产权将自行终止，进入公有领域。

④ 法定性：知识产权的确认或授予必须经过国家专门立法直接规定。这意味着知识产权的获得需要经过法定的程序，如商标权的获得需要经过登记注册。

3. 知识产权的分类

广义的知识产权包括一切人类智力创作的成果，其中包括了发明、实用新型、外观设计、文学艺术作品、计算机软件、工商业标记、商誉、商业秘密、植物新品种、集成电路布图设计等。

狭义的或传统的知识产权一般包括著作权（包括邻接权）、商标权和专利权三部分。一般而言可以将其分为两类：一类是著作权（邻接权）；另一类是工业产权，主要指商标和专利权。

（1）著作权

著作权（也称为版权）是指作者对其创作的作品享有的人身权和财产权，是公民、法人或非法人单位按照法律享有的对自己文学、艺术、自然科学、工程技术等作品的专有权。人身权包括发表权、署名权、修改权和保护作品完整权等。财产权包括作品的使用权和获得报酬权。著作权保护的对象包括文学、科学和艺术领域内的一切作品，不论其表现形式或方式如何。著作权与专利权、商标权有时有交叉情形，这是知识产权的一个特点。

著作权所涵盖的一般作品包括文字作品，口述作品，音乐、戏剧、曲艺、舞蹈、杂技作品，美术、建筑作品，摄影作品，电影作品和以类似摄制电影的方法创作的作品，工程设计图、产品设计图、地图、示意图等图形作品和模型作品，计算机软件等。

（2）工业产权

工业产权包括专利、实用新型、工业品外观设计、商标、服务标记、厂商名称、产地标记或原产地名称、制止不正当竞争等项内容。此外，商业秘密、微生物技术、遗传基因技术等也属于工业产权保护的对象。

专利权是依法授予发明创造者或单位对发明创造成果独占、使用、处分的权利，如计算机软件专利权。

商标权是人们依法对所使用的商标享有的专有权利。

4. 计算机中的知识产权

计算机软件是发明者创造的产物，是一种商品、一种财产，与其他的著作一样，受《中华人民共和国著作权法》的保护。软件版权是授予创作者的唯一享有复制、发布、出售、更新软件等诸多权利。购买版权或者获得授权（license）不是成为软件的版权所有者，而仅仅是获得使用这个软件的权利。如果将购买的软件复制到计算机或者备份到其他存储介质上，这是合法的；但如果把购买的软件让他人复制就是非法的，除非得到版权所有人的许可。

商业软件一般除了版权保护外，同时享有“许可证保护”。软件许可证是一种具有法律效力的“合同”，在安装软件时往往会要求“同意”使用条款，才可以继续安装，“不同意”则退出安装，它是计算机软件提供合法保护常见的方法之一。

对网络软件还有多用户许可问题。在一个单位或者是机构的网络中使用的软件，一般不需要为每一个用户支付许可费用。多用户许可允许多人使用同一个软件，可以通过多用户许可证解决使用问题，例如电子邮件软件。

由于计算机信息在网络上复制和传播非常便捷，因此加强知识产权的保护非常重要。按照不同的保护方式，知识财产可分为商业机密、版权和专利。自 1978 年以来，我国走出了一条具有中国特色的知识产权发展之路，制定了多部相关法律，中国已成为名副其实的知识产权大国。我国现行的针对知识产权的立法包括：著作权方面的立法、专利方面的立法、商标方面的立法、反不正当竞争方面的立法，以及其他有关知识产权的立法。

计算机软件可以适用的针对知识产权制定的法律法规主要有《中华人民共和国著作权法》《中华人民共和国著作权法实施条例》《计算机软件保护条例》《中华人民共和国专利法》《中华人民共和国专利法实施细则》《中华人民共和国商标法》《商标法实施细则》《中华人民共和国反不正当竞争法》《关于禁止侵犯商业秘密行为的若干规定》等。

当然，并不是所有的作品都受《中华人民共和国著作权法》保护，《中华人民共和国著作权法》不予保护的对象主要有：

① 依法禁止出版、传播的作品：这些作品通常包含法律禁止的内容，被政府主管机关明令禁止。

② 立法、行政、司法文件：国家机关的决议、决定、命令和其他具有立法、行政、司法性质的文件，及其官方正式译文，不适用于著作权法的保护。

③ 历法、数表、通用表格和公式：这类作品通常不具有创造性特征，属于人类共同的精神财富，因此不适应著作权法的保护。

④ 时事新闻：时事新闻不受著作权法的保护。

⑤ 民间文学艺术作品：民间文学艺术作品，如故事、传说、寓言、编年史、神话、叙事诗、舞蹈、音乐、造型艺术、建筑艺术等。

7.7.2 计算机著作权

1. 计算机软件著作权

计算机软件著作权是指某款软件或多款软件的开发者或者其他权利人依据有关著作权法律的规定，对其软件产品享有各项著作权专有权利。就其权利性质而言，软件著作权属于一种民事权利，具备民事权利的共同特点。

著作权法保护的计算机软件是指计算机程序，包括源程序和目标程序及其有关文档（包括程序设计说明书、流程图、用户手册等）。

计算机软件作品享有的各项权利包括发表权、署名权、修改权、复制权、发行权、出租权、信息网络传播权、翻译权和应当由软件著作权人享有的其他权利。

2. 计算机软件受《中华人民共和国著作权法》保护的条件

(1) 独立创作

受保护的作品必须由开发者独立开发创作，任何复制或抄袭他人，并非自己开发的软件都不能获得著作权。一项程序的功能设计往往被认为是程序的思想观念，根据著作权法不保护思想观念的原则，任何人可以设计具有类似功能的另一件软件作品。但是，如果用了他人软件作品的逻辑步骤的组合方式，则对他人软件构成侵权。

(2) 可被感知

受《中华人民共和国著作权法》保护的作品应当是固定在载体上的作者创作思想的一种实际表达。如果作者的创作思想没有表达出来或不可以被感知，就不能得到著作权法的保护。因此，《计算机软件保护条例》规定，受保护的软件必须固定在某种有形物体上，如固定在存储器或磁盘、磁带等计算机外围设备上，也可以是其他的有形物，如纸张等。

(3) 逻辑合理

计算机运行过程实际上是按照预先的安排，不断对信息随机进行的逻辑判断智能化过程。逻辑判断功能是计算机系统的基本功能。受《中华人民共和国著作权法》保护的计算机软件作品必须具备合理的逻辑思想，并以正确的逻辑步骤表现出来。

3. 软件著作权的主客体

软件著作权的客体是指计算机软件，即计算机程序和文档及相关数据。

对于软件著作权的主体，我国法律原则上规定“谁开发谁享有著作权”，即软件著作权属于软件开发者。除了“谁开发谁享有著作权”一般原则之外，法律还规定了以下几种特殊情况：

(1) 合作开发

由两个以上的自然人、法人或者其他组织合作开发的软件，其著作权的归属由合作开发者签订书面合同约定。

无书面合同或者合同未作明确约定，合作开发的软件可以分割使用的，开发者对各自开发的部分可以单独享有著作权；但是，行使著作权时，不得扩展到合作开发的软件整体的著作权。

合作开发的软件不能分割使用的，其著作权由各合作开发者共同享有，通过协商一致行使；不能协商一致，又无正当理由的，任何一方不得阻止他方行使除转让权以外的其他权利，但是所得收益应当合理分配给所有合作开发者。

（2）委托开发

软件著作权的归属由委托人与受托人约定；如无书面协议或在协议中未作明确规定，其著作权属于受托者。

（3）指定开发

为完成上级单位或政府部门下达的任务开发的软件，其著作权的归属由项目任务书或合同规定，如项目任务书或合同中未作明确规定，软件著作权属于接受任务的单位。

（4）职务开发

公民在任职期间所开发的软件，如实执行本单位工作的结果，即针对本职工作中明确指定的工作目标所开发的，或者是从事本职工作活动所预见的结果，或自然的结果，该软件的著作权属于该单位。

（5）非职务开发

公民所开发的软件如果不是执行本职工作的结果，并与其在单位从事的工作内容无直接联系，同时又未使用单位的物质技术条件，则该软件的著作权属于开发者自己。

4. 软件著作权的期限

计算机软件著作权自软件开发完成之日起产生，不同性质的群体和组织所持有的软件的著作权的期限不一样。

① 自然人的软件著作权保护期为自然人终生及其死亡后 50 年，截至自然人死亡后第 50 年的 12 月 31 日。如果是合作开发的软件，保护期将截至最后一个作者死亡后第 50 年的 12 月 31 日。

② 法人或其他组织的软件著作权保护期为 50 年，截至软件首次发表后第 50 年的 12 月 31 日。然而，如果软件在开发完成后 50 年内未发表，其著作权将不再受到保护。

5. 自由软件和共享软件

（1）自由软件

自由软件也称为源代码开放软件。这一概念强调用户对软件的掌控权，旨在让用户能够根据自己的需求自由地使用、修改和分享软件。自由软件的核心特征包括：

① 用户自由：用户可以自由地运行、复制、分发、学习、修改并改进软件。

② 源代码公开：用户可以访问软件的源代码，这对于学习和修改软件至关重要。

③ 非专有：与专有软件不同，自由软件允许用户无须许可费用即可使用、复制和分发软件。

（2）共享软件

共享软件是指一种允许用户免费试用或有限制地使用其功能的软件，但在某些方面，如高级功能或长期使用，需要用户支付费用以获得完整的使用权限。

共享软件通常会在软件的某些功能或使用时间上设置限制，以鼓励用户在使用后选择购买正式版。这种商业模式允许用户在购买前体验软件的功能，从而增加用户购买的意愿。例如，WPS Office 或者 MS Office 软件可能会限制用户的使用时间，或者禁用某些高级功能，直到用户购买正式版才能完全使用。

6. 侵犯软件著作权的行为

我国对软件著作权保护已经建立起比较完备的法律，以下列举了 10 类常见的侵犯著作权行为：

① 未经软件著作权人的许可而发表或者登记其软件。

② 将他人开发的软件当作自己的软件发表或者登记。

③ 未经合作者的同意将与他人合作开发的软件当作自己独立完成的软件发表或者登记。

④ 在他人开发的软件上署名或者更改他人开发的软件上的署名。

⑤ 未经软件著作权人的许可，修改、翻译其软件。

⑥ 未经软件著作权人的许可，复制或部分复制其软件。

⑦ 未经软件著作权人同意，向公众发行、出租、通过信息网络传播软件著作权人的软件。

⑧ 故意避开或者破坏著作权人为保护其软件著作权而采取的技术措施。

⑨ 故意删除或者改变软件权利管理电子信息。

⑩ 转让或者许可他人行使著作权人的软件著作权。

7.8 信息技术中的法律与法规

信息时代出现了一些前所未有的法律问题，但是法律还没有跟上技术的发展。现在，世界各国面临的一个共同难题就是如何制定和完善网络相关的法律法规。道德是从精神层面对人类活动产生影响与约束，而法律（法规）则对人类活动起着强制性的约束作用。由于计算机中犯罪现象及非法活动近年来有上升趋势，因此从国外到国内都陆续制定了一些专门用于计算机的法律与法规。除了有关知识产权保护的法律法规外，还包括如何在计算机空间里保护公民的隐私、如何规范网络言论、如何保障网络安全等。

7.8.1 信息安全法律法规

1994 年，我国颁布了第一部有关信息网络安全的行政法规《中华人民共和国计算机信息系统安全保护条例》。

随着信息技术的发展，我国逐步形成了法律法规、行政法规、部门规章和地方性法规构成的计算机犯罪法律政策体系。法律法规主要包括《中华人民共和国宪法》《中华人民共和国刑法》《中华人民共和国治安管理处罚法》等。该类立法为计算机法律体系奠定了良好的基础。地方性法规主要是全国各地结合本地实际，制定的一系列针对计算机犯罪的地方性法规，如《内蒙古自治区计算机信息系统安全保护法》等。

2016 年 11 月 7 日，我国发布的《中华人民共和国网络安全法》，不仅明确了“保障网络安全、维护网络空间主权和国家安全”的立法目的，而且标志着我国网络空间安全治理进入一个有法可依的时代。

2023 年 3 月，国务院新闻办公室发布了《新时代网络法治建设法律法规全书》白皮书，如

图 7-3 所示。白皮书系统总结了自 1994 年全功能接入国际互联网，特别是进入新时代以来，我国网络法治建设的理念和实践，为全球互联网治理提供了中国方案、贡献了中国智慧。

图 7-3　新时代网络法治建设法律法规全书

7.8.2　隐私保护的法律基础

1. 世界各国的隐私保护

在保护隐私安全方面，目前世界上可供利用和借鉴的政策法规有《世界知识产权组织版权条约》(1996 年)、美国《个人隐私权和国家信息基础设施白皮书》(1995 年，美国)、《2009 个人隐私与安全法案》(2009 年，美国)、《关于在电子通信领域个人数据处理及保护隐私权的指令》(2002 年，欧盟)、《个人信息保护和电子文件法案》(2001 年，加拿大）等。

2. 我国网络隐私的保护

我国在 2009 年制定《侵权责任法》时，在该法第二条将隐私权以列举的方式规定在其中，但并没有得到确切解释，因此，在适用过程中无法解决诸如网络个人信息保护等问题。2021 年 1 月 1 日起，《侵权责任法》废止。2017 年 6 月 1 日施行的《中华人民共和国网络安全法》，是我国第一部全面规范网络空间安全管理方面问题的基础性法律，是我国网络空间法治建设的重要里程碑，是依法治网、化解网络风险的法律重器。

目前，我国出台的有关法律法规也涉及计算机网络和电子商务等的隐私权保护，如：

①《计算机信息网络国际联网安全保护管理办法》第七条规定："用户的通信自由和通信秘密受法律保护。任何单位和个人不得违反法律规定，利用国际联网侵犯用户的通信自由和通信秘密。"

②《计算机信息网络国际联网管理暂行规定实施办法》第十八条规定："用户应当服从接入单位的管理，遵守用户守则；不得擅自进入未经许可的计算机系统，篡改他人信息；不得在网络上散发恶意信息，冒用他人名义发出信息，侵犯他人隐私；不得制造、传播计算机病毒及从事其它侵犯网络和他人合法权益的活动。"

③《中华人民共和国网络安全法》的出台也使公民个人隐私保护得到了强有力的保障。

7.9 计算机教育和认证

专科学位、本科学位和研究生学位的从业人员都可以在 IT 产业中找到合适的工作，但对大多数的 IT 职位来说，本科学位是最基本的要求。

在我国，有两个与计算机直接相关的本科专业—计算机科学和软件工程。这两个专业的课程覆盖范围大致相同，但各有侧重，计算机科学重在研究计算机体系结构及如何通过为计算机编程使之更有效地工作，而软件工程更强调软件与应用。除此而外，还有很多专业与计算机有着直接或间接的关系，如计算机工程、信息系统、信息技术、通信工程、电子信息工程、自动控制、数学与应用数学等。

与计算机相关的研究生方向则更多，如人工智能、大数据、虚拟现实、物联网、移动云计算、计算机游戏、网络信息安全、嵌入式软件、软件质量管理与测试等。

与其他行业一样，计算机领域也有认证。不同的认证分量也不同，许多公司也会选择性地评判证书的价值。与证书相比，应聘者的实际能力更重要。认证考试是指一种能够证明某一专门技术或者学科知识水平的客观测试。计算机领域中总共包含了大约 300 种相关的认证考试。认证考试可以分为计算机综合知识、软件应用、数据库管理、网络和云及计算机硬件。

在我国，计算机领域的认证主要有计算机等级考试和行业认证两种。

1. 计算机等级考试

全国计算机等级考试是由教育部主办，面向社会，用于考查应试人员计算机应用知识与能力的全国性计算机水平考试体系。全国计算机等级考试共设四个等级，其中一级考核计算机基础知识、使用办公软件及因特网的基本技能；二级考核计算机基础知识、使用一种高级计算机语言编写程序及上机调试的基本技能；三级分为“数据库技术”“网络技术”“软件测试技术”“信息安全技术”“嵌入式系统开发技术”等五个科目；四级分为“网络工程师”“数据库工程师”“软件测试工程师”“信息安全工程师”“嵌入式系统开发工程师”等五个类别。

2. 行业认证

行业认证是由企业或协会主办的与计算机相关的认证，用于考查应试人员对企业或协会涉足领域的理解与技术水平。例如，华为鸿蒙开发者认证、微软认证（MCSE，MCSD 等）、Oracle 认证、Cisco 认证等。根据个人的职业目标、技术专长以及所在行业的发展需要，考取合适的认证证书。拥有这些认证证书可以提升个人在职场中的竞争力，同时也是对专业技能的一种认可和证明。

小结

本章简要地介绍了计算机信息安全的基本概念、威胁计算机安全的诸多因素，如病毒、黑客及计算机犯罪、信息安全技术，加强网络道德的自律、注意个人隐私的保护、保护知识产权、养成良好的计算机职业道德，以及了解相应的法律法规。在日常使用计算机网络时只有增强防范意识，采取必要的安全手段，才能保障个人数据和财产安全。

习题 7

一、单项选择题

1. 宏病毒是随着 Office 软件的广泛使用，有人利用高级语言编制的一种寄生于________的宏中的计算机病毒。

A. 应用程序　　B. 文档或模板
C. 文件夹　　D. 具有“隐藏”属性的文件

2. 计算机病毒是________。

A. 一类具有破坏性的程序　　B. 一类具有破坏性的文件
C. 一种专门侵蚀硬盘的霉菌　　D. 一种用户误操作的后果

3. 我国将计算机软件的知识产权列入________权保护范畴。

A. 专利　　B. 技术　　C. 合同　　D. 著作

4. 以下说法中，正确的是________。

A. 造成计算机不能正常工作的原因，若不是硬件故障就是计算机病毒
B. 发现计算机有病毒时，只要换一张新磁盘就可以放心操作
C. 计算机病毒是由于硬件配置不完善造成的
D. 计算机病毒是人为编写的程序

5. 计算机病毒是指________。

A. 编制有错误的计算机程序
B. 设计不完善的计算机程序
C. 已被破坏的计算机程序
D. 以危害系统为目的的特殊计算机程序

6. 下面列出的计算机病毒传播途径，不正确的是________。

A. 使用来路不明的软件　　B. 通过借用他人的 U 盘
C. 机器使用时间过长　　D. 通过网络传输

7. 计算机病毒的特点是具有传染性、隐蔽性、潜伏性、不可预见性和________。

A. 恶作剧性　　B. 入侵性　　C. 破坏性　　D. 可扩散性

8. 下列有关计算机病毒的说法中，________是不正确的。

A. 游戏软件经常是计算机病毒的载体
B. 用杀毒软件将磁盘杀毒之后，该磁盘就没有病毒了
C. 尽可能做到专机专用或者安装正版软件，是预防计算机病毒的有效措施
D. 计算机病毒在某些条件下被激活后，才开始起干扰和破坏作用

9. 计算机病毒在一定环境和条件下激活发作，这里的激活发作是指________。

A. 程序复制　　B. 程序移动　　C. 病毒繁殖　　D. 程序运行

10. 计算机病毒的危害性主要表现在________。

A. 能造成计算机部件永久性失效
B. 影响程序执行、破坏用户数据域程序
C. 不影响计算机的运行速度

D. 不影响计算机的运输结果，不必采取措施

11. 计算机病毒按链接方式分类通常分为操作系统型、源码型、嵌入型和________。

A. 外壳型　　B. 文件型　　C. 复合型　　D. 引导型

12. 发现微型计算机染有病毒后，较为彻底的清除方法是________。

A. 用杀毒软件处理　　B. 用查毒软件处理

C. 删除磁盘文件　　D. 重新格式化磁盘

13. 下列关于计算机软件版权说法正确的是________。

A. 计算机软件受法律保护是多余的

B. 正版软件太贵，软件能复制就不必要购买

C. 受法律保护的计算机软件不能随便复制

D. 正版软件只要能解密就能随便复制

14. 下列行为违反计算机使用道德的是________。

A. 不随意删除他人的计算机信息　　B. 随意使用盗版软件

C. 维护网络安全，抵制网络破坏　　D. 不浏览不良信息，不随意约会网友

15. 下列不是信息技术的消极影响的是________。

A. 信息泛滥　　B. 信息加速　　C. 信息污染　　D. 信息犯罪

二、判断题

1. 若一台计算机感染了病毒，只要删除所有带病毒文件，就能消除所有病毒。（　）
2. 对磁盘进行全面格式化也不一定能消除磁盘上的计算机病毒。（　）
3. 计算机只要安装了防毒、杀毒软件，上网浏览就不会感染病毒。（　）
4. 宏病毒可感染 Word 或 Excel 文件。（　）
5. 计算机病毒是一种特殊的能够自我复制的计算机程序。（　）
6. 安装防火墙是对付黑客和黑客程序的有效办法。（　）
7. 计算机病毒按破坏程度可分为良性病毒和恶性病毒。（　）
8. 对大多数的 IT 职位来说，本科学位是最基本的要求。（　）
9. 网络在计算机信息系统中起着至关重要的作用，大多数“黑客”开始是出于好奇，违背了职业道德，入侵他人计算机系统，一步一步走向计算机犯罪的道路。（　）
10. 在 IT 产业中，不同地区、不同职位的薪资水平大体相同。（　）
11. 与计算机相关的本科专业只有计算机科学与技术和软件工程两个。（　）
12. 与证书相比，应聘者的实际能力更重要。（　）
13. 计算机二级考核计算机基础知识和使用办公室软件及因特网的基本技能。（　）
14. 在非工作时段，可以将工作计算机用于任意的个人行为。（　）
15. 不要因为举报而违反道德或法律。（　）

三、简答题

1. 威胁计算机网络安全的主要因素有哪些？
2. 什么是信息安全？
3. 计算机病毒的定义及特点是什么？
4. 计算机病毒按传染方式分类有几种？
5. 常见的病毒有哪些？（列举出三个）

6. 什么是特洛伊木马？常见木马程序有哪些？
7. 什么是计算机黑客？黑客常用的攻击方式有哪些？
8. 什么是防火墙？
9. 什么是入侵检测系统？
10. 什么是加密？
11. 计算机领域的认证主要有哪两种？
12. 在 IT 领域中，常见的道德规范有哪些？
13. 简述 IT 行业道德教育的重要性。
14. 计算机著作权保护计算机软件包括哪些内容？

附　录

附录 A　计算机技术与软件专业技术资格（水平）考试简介

计算机技术与软件专业技术资格（水平）考试（以下简称计算机软件资格考试）是原中国计算机软件专业技术资格和水平考试（简称软件考试）的完善与发展。计算机软件资格考试是由国家人力资源和社会保障部、工业和信息化部领导下的国家级考试，其目的是科学、公正地对全国计算机与软件专业技术人员进行职业资格、专业技术资格认定和专业技术水平测试。计算机软件资格考试设置了 27 个专业资格，涵盖 5 个专业领域、3 个级别层次（初级、中级、高级）。计算机软件资格考试在全国范围内已经实施了二十多年，近十年来，考试规模持续增长，截至目前，累计报考人数约有五百万人。该考试由于其权威性和严肃性，得到了社会各界及用人单位的广泛认同，并为推动国家信息产业发展，特别是在软件和服务产业的发展，以及提高各类信息技术人才的素质和能力中发挥了重要作用。

根据原人事部、原信息产业部文件（国人部发〔2003〕39 号）文件规定，计算机软件资格考试纳入全国专业技术人员职业资格证书制度的统一规划，实行统一大纲、统一试题、统一标准、统一证书的考试办法，每年举行两次。通过考试获得证书的人员，表明其已具备从事相应专业岗位工作的水平和能力，用人单位可根据工作需要从获得证书的人员中择优聘任相应专业技术职务（技术员、助理工程师、工程师、高级工程师）。计算机软件资格考试全国统一实施后，不再进行计算机技术与软件相应专业和级别的专业技术职务任职资格评审工作。因此，计算机软件资格考试既是职业资格考试，又是职称资格考试。同时，该考试还具有水平考试性质，报考任何级别不需要学历、资历条件，只要达到相应的专业技术水平就可以报考相应的级别。计算机软件资格考试部分专业岗位的考试标准与日本、韩国相关考试标准实现了互认，中国信息技术人员在这些国家还可以享受相应的待遇。考试合格者将颁发由中华人民共和国人力资源和社会保障部、工业和信息化部用印的计算机技术与软件专业技术资格（水平）证书。该证书在全国范围内有效。

附录 B 计算机技术与软件专业技术资格（水平）考试专业类别、资格名称和级别层次对应表

级别	计算机软件	计算机网络	计算机应用技术	信息系统	信息服务
高级资格	信息系统项目管理师　系统分析师　系统架构设计师　网络规划设计师　系统规划与管理师				
中级资格	软件评测师 软件设计师 软件过程能力评估师	网络工程师	多媒体应用设计师 嵌入式系统设计师 计算机辅助设计师 电子商务设计师	系统集成项目管理工程师 信息系统监理师 信息安全工程师 数据库系统工程师 信息系统管理工程师	计算机硬件工程师 信息技术支持工程师
初级资格	程序员	网络管理员	多媒体应用制作技术员 电子商务技术员	信息系统运行管理员	网页制作员 信息处理技术员

附录 C 嵌入式系统设计师考试说明

1. 考试要求

① 掌握计算机科学基础知识。

② 掌握嵌入式系统的硬件、软件知识。

③ 掌握嵌入式系统分析的方法。

④ 掌握嵌入式系统设计与开发的方法及步骤。

⑤ 掌握嵌入式系统实施的方法。

⑥ 掌握嵌入式系统运行维护知识。

⑦ 了解信息化基础知识、计算机应用的基础知识。

⑧ 了解信息技术标准、安全性，以及有关法律法规的基本知识。

⑨ 了解嵌入式技术发展趋势。

⑩ 正确阅读和理解计算机及嵌入式系统领域的英文资料。

2. 技能要求

通过本考试的合格人员能根据项目管理和工程技术的实际要求，按照系统总体设计规格说明书进行软、硬件设计，编写系统开发的规格说明书等相应的文档；组织和指导嵌入式系统开发实施人员编写和调试程序，并对嵌入式系统硬件设备和程序进行优化和集成测试，开发出符合系统总体设计要求的高质量嵌入式系统；具有工程师的实际工作能力和业务水平。

3. 考试科目

本考试设置的科目包括：

① 嵌入式系统基础知识，考试时间为 150 分钟，笔试，选择题。

② 嵌入式系统设计应用技术，考试时间为 150 分钟，笔试，问答题。

附录 D ACM 国际大学生程序设计竞赛

ACM 中国-国际并行计算挑战赛（ACM-China international parallel computing challenge, IPCC）受 ACM 中国指导，ACM 中国高性能计算专家委员会、超威半导体产品（中国）有限公司联合主办。经过近 40 年的发展，ACM 国际大学生程序设计竞赛已经发展成为全球最具影响力的大学生程序设计竞赛。ACM 大赛是一项旨在展示大学生创新能力、团队精神和在压力下编写程序、分析和解决问题能力的年度竞赛。

1. 赛程赛制

① 报名组队：每年 3 月 30 日—6 月 30 日。

② 赛题与程序发布：初赛 7 月；总决赛及 9 月。

③ 参赛作品提交：初赛预计 8 月 31 日；总决赛预计 11 月中。

④ 初赛（线上）及晋级名单公示：预计 9 月中下旬。

⑤ 总决赛（线下）：预计 11 月中下旬。

说明：每年具体赛程以当年竞赛官网发布的《竞赛规程》为准。

2. 竞赛特点

① 参赛队伍最多由三名参赛队员组成。

② 竞赛中命题 10 题左右，试题描述为英文，比赛时间为 5 个小时，前 4 个小时可以实时看到排名，最后 1 小时封榜，无法看到排名。

③ 竞赛可以使用的语言：Java、C、C++、Kotlin 和 Python。

④ 重点考察选手的算法和程序设计能力，不考察实际工程中常用的系统编程、多线程编程等。

⑤ 选手可携带任何非电子类资料，包括书籍和打印出来的程序等，部分赛区会对选手携带的纸质资料进行限制。

⑥ 评委负责将结果（正确或出错的类型）通过网络尽快返回给选手，除此之外不提供任何额外帮助。

⑦ 每个题目对应一种颜色的气球，通过该题目的队伍会得到对应颜色的气球。每道题目第一支解决掉它的队还会额外获得一个 FIRST PROBLEM SOLVED 的气球。

3. 评分标准

竞赛进行 5 个小时，一般有 7 道或以上试题，由同队的三名选手使用同一台计算机协作完成。当解决了一道试题之后，将其提交给评测机，由评测机判断其是否正确。若提交的程序运行不正确，则该程序将被退回给参赛队，参赛队可以进行修改后再一次提交该问题。

参 考 文 献

[1] 郑德庆. 大学计算机与计算思维 [M]. 北京：中国铁道出版社有限公司，2023.
[2] 王玉龙. 计算机导论：基于计算思维视角 [M]. 北京：电子工业出版社，2018.
[3] 刘小丽，翁健. 课程思政：我们这样设计案例（计算机类）[M]. 北京：清华大学出版社，2023.
[4] 林子雨. 大数据导论 [M]. 北京：人民邮电出版社，2024.
[5] 宁爱军. 计算思维与计算机导论：微课版. [M]. 2 版. 北京：人民邮电出版社，2024.
[6] 韩博. 大数据与人工智能导论：微课版 [M]. 北京：人民邮电出版社，2024.
[7] 陆文海. 高校课程思政优秀教学案例选编 [M]. 广州：广东高等教育出版社，2021.
[8] 王红梅. 数据结构：从概念到 C 实现 [M]. 2 版. 北京：清华大学出版社，2023.
[9] 瞿中. 计算机科学导论：微课版 [M]. 7 版. 北京：清华大学出版社，2023.
[10] 刘强，童启，袁义. 计算机系统导论 [M]. 北京：中国铁道出版社有限公司，2023.